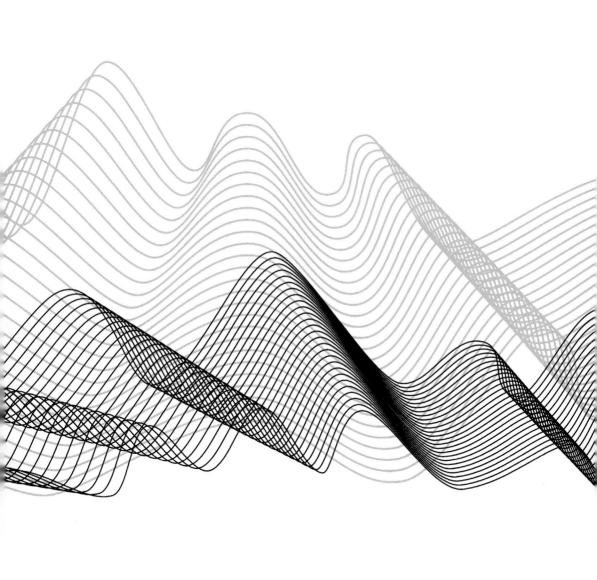

基于建筑信息模型（BIM）的
建设项目协同管理机制研究

张　雷◎著

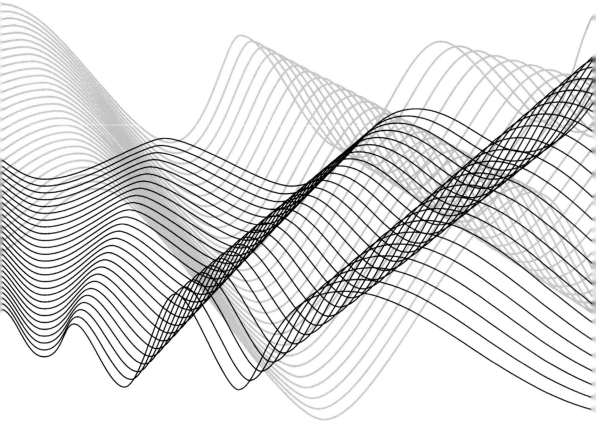

中国财经出版传媒集团

经济科学出版社

Economic Science Press

图书在版编目（CIP）数据

基于建筑信息模型（BIM）的建设项目协同管理机制研究/
张雷著 . —北京：经济科学出版社，2019.4
ISBN 978 - 7 - 5218 - 0429 - 4

Ⅰ. ①基… Ⅱ. ①张… Ⅲ. ①建筑工程 - 装配式构件 -
工程管理 - 应用软件 Ⅳ. ①TU71 - 39

中国版本图书馆 CIP 数据核字（2019）第 057972 号

责任编辑：周国强
责任校对：杨 海
责任印制：邱 天

基于建筑信息模型（BIM）的建设项目协同管理机制研究
张 雷 著
经济科学出版社出版、发行 新华书店经销
社址：北京市海淀区阜成路甲 28 号 邮编：100142
总编部电话：010 - 88191217 发行部电话：010 - 88191522
网址：www. esp. com. cn
电子邮件：esp@ esp. com. cn
天猫网店：经济科学出版社旗舰店
网址：http://jjkxcbs. tmall. com
固安华明印业有限公司印装
710×1000 16 开 15.5 印张 250000 字
2019 年 4 月第 1 版 2019 年 4 月第 1 次印刷
ISBN 978 - 7 - 5218 - 0429 - 4 定价：78.00 元
（图书出现印装问题，本社负责调换。电话：010 - 88191510）
（版权所有 侵权必究 打击盗版 举报热线：010 - 88191661
QQ：2242791300 营销中心电话：010 - 88191537
电子邮箱：dbts@esp. com. cn）

前　　言

　　建筑业面临新的发展机遇，建筑信息模型（building information modeling，BIM）技术被认为是全球建筑行业的变革性理念和里程碑技术，已经成为提升工程项目管理中的协同能力的重要手段和方法。鉴于 BIM 技术的创新性，如何改善建设项目的组织关系，建立稳定的建设项目协同管理机制成为业内和学术界亟待解决的新课题。

　　建设项目具有明显的社会性、网络性以及管理和结构复杂性，社会网络分析是分析这些组织关系和协同管理的重要方法。本研究从社会网络分析的角度，利用仿真模拟工具，聚焦于 BIM 情境下的建设项目协同管理机制，主要内容如下：

　　（1）BIM 与协同管理的相关理论分析。本研究明晰了 BIM 与协同管理相关概念的内涵，总结了建设项目协同管理中存在的主要问题，从组织管理模式、信息集成、协同学与系统、社会网络等视角下总结了建设工程项目协同管理的发展方向，分析了社会网络理论在建设项目组织关系协同管理中的应用。本研究还着重探索了 BIM 对建设项目组织关系的重大影响，拓展了 BIM 与跨组织协同的关系，建立了 BIM 成熟度模型，提出了不同 BIM 成熟度下各参与主体间动态信息交流的网络关系。

（2）建设项目协同因素的统计分析。按照项目参与方、过程与环境、信息技术与组织关系、BIM 技术协同应用障碍的思路，本研究总结了影响 BIM 情境下建设项目协同管理的关键因素，选取了 16 个关键要素，并详细阐述了关键要素的内涵，利用调查问卷与半结构化访谈的方式开展调查，对获取的数据分别进行了描述性、信度与效度等统计性分析，提取了组织合作关系因子、协作激励因子、BIM 技术创新扩散因子与技术协同因子，进行了因子影响力分析。

（3）针对建设项目组织的社会关系网络，构建并分析了建设项目合作关系网络中的博弈仿真模型。本研究分析了建设项目的合作关系网络生成机制，回顾了 ER 随机模型、小世界网络模型以及无标度网络模型演化规律及其统计性质，设置了雪堆博弈的策略更新规则，建立了小世界网络和无标度网络的演化博弈模型。本研究通过 Matlab 仿真，着重分析了建设项目合作频率指标的影响因素，揭示了具有不同网络模型的网络拓扑结构对建设项目参与主体间合作关系的作用规律。

（4）针对 BIM 情境下建设项目信息共享中的问题，设计了建设项目团队协作激励机制。在分析信息共享价值及激励作用机理的前提下，本研究运用博弈论和委托代理理论方法，认为动态激励机制就是关注 BIM 参与方基于长期合作的声誉维护，构建了隐性声誉激励与显性收益激励相结合的两阶段最优动态激励契约模型，分析了建设项目信息共享过程中隐性声誉激励因素对相关参与方的激励效应，并通过算例对模型进行了仿真模拟和比较分析。

（5）针对 BIM 的知识扩散对协同效应的影响，建立了 BIM 知识扩散演化模型，构建了基于开放建筑信息模型（open BIM）的协同平台建设的初步框架。利用元胞自动机（CA）转换规则，本研究建立了建设项目 BIM 知识扩散过程演化函数及元胞状态，对扩散过程进行仿真，分析了项目扩散者意愿和决策偏好等内部因素、参与个体与邻居影响关系和国家及行业机构 BIM 支持性等外部因素对 BIM 扩散过程的影响，认为国家及行业的支持性对 BIM 知识扩散意义重大。本研究还阐述了 Open BIM 基本内涵，构建了 Bimcotion 开发协同平台的初步框架。

目 录
CONTENTS

| 第 1 章 | **绪论** / 1 |

1.1 研究背景与问题提出 / 1

1.2 相关研究综述 / 8

1.3 研究目的与意义 / 26

1.4 研究内容与方法 / 28

| 第 2 章 | **BIM 与建设项目协同管理** / 32 |

2.1 相关概念界定 / 32

2.2 BIM 与建设项目的跨组织协同 / 37

2.3 BIM 成熟度与跨组织信息交流模型 / 42

| 第 3 章 | **基于 BIM 的建设项目协同管理因素分析** / 51 |

3.1 BIM 情境下建设项目的协同因素识别 / 51

3.2 BIM 情境下建设项目协同管理因素的实验
设计与选取 / 67

3.3 BIM 情境下建设项目协同管理因素的验证分析 / 73

i

| 第4章 | **基于 BIM 的建设项目合作关系分析及仿真** / 84

4.1　基于 BIM 的建设项目合作关系演化机理分析 / 84

4.2　基于 BIM 的建设项目合作关系小世界网络
演化仿真 / 94

4.3　基于 BIM 的建设项目合作关系无标度网络
演化仿真 / 117

| 第5章 | **基于 BIM 的建设项目团队协作激励机制分析及仿真** / 127

5.1　协作激励机制分析 / 127

5.2　基于 BIM 的建设项目协作激励模型构建 / 136

5.3　基于 BIM 的建设项目团队协作激励模型仿真 / 154

| 第6章 | **基于 BIM 的建设项目知识扩散与技术协同
分析及仿真** / 168

6.1　基于 BIM 的建设项目知识扩散机制分析与仿真 / 168

6.2　基于 BIM 的建设项目技术协同分析 / 192

| 第7章 | **结论与展望** / 206

7.1　研究结论 / 206

7.2　研究局限与展望 / 210

参考文献 / 213

第1章

绪　论

1.1　研究背景与问题提出

1.1.1　研究背景

建筑业已成为我国国民经济的支柱产业，建筑业占 GDP 的比重，已经从 2005 年的 5.53% 增长至 2017 年的 6.7%，而"十二五"期间的建筑业增加值年均增长 15%。以年 8% 的增长速度来计算，"十三五"末期建筑业产值将达到或接近 28 万亿元的规模，因此，建筑业对我国国民经济的发展具有重要的意义（见图 1.1）。

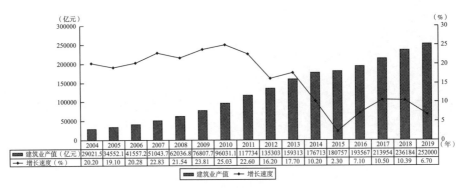

图 1.1　我国 2004～2019 年建筑业产值与增长速度

说明：2018 年、2019 年为估计值。
资料来源：国家统计局. 中国统计年鉴，2004～2018。

1. 建筑业的低效能发展。

与制造业、航空业等行业相比，传统建筑业一直被认为是低生产效率、低技术水平、低科技创新的产业（Harty，2005；Teicholz，2004）。美国在 1964～2009 年近 45 年间，工业与服务业的生产力指数提高了 230%，而建筑业的劳动生产效率反而下降了 18.2%（Liao & Chiang，2015）。现有割裂的生产结构使建筑生产过程存在着巨大的浪费，创造价值活动的比例仅为 10%，但非增值活动的比例却高达 57%，而制造业中同一活动的比例为 62% 与 12%（Eastman et al.，2008）。在环境方面上，与其他所有行业相比，建筑业在原材料消耗、二氧化碳排放和消耗能源等方面所占比例分别高出 60%、22% 和 20%（US Green Building Council，2009）。另一方面，建筑设施的建造成本也日趋增加，运营成本长期被忽略，在 2002～2007 年间，全球医疗卫生设施的建造成本增加了约 40%，而社会工业品物价指数只增加了 18%（Langdon，2008）。美国退伍军人管理局（Veteran Administration）采用 40 年分析周期和 5% 的折现率进行生命周期成本分析，发现运营及维护费用是建造费用的 7.7 倍（Smoot，2007），丁士昭（2006）通过研究也认为大部分项目的建设成本都不足全寿命周期成本的 20%, 而运营成本占到了约 80%。

2. 我国建筑业的发展形势。

我国建筑业是典型的投资拉动型产业, 行业产值也一直处于飞速增长态势, 成为全球第一建筑市场。在未来 50 年内, 中国城镇化率将由 2011 年的 51.27% 提高到 76% 以上。据英国商业创新技能部（BIS）数据, 2025 年全球建筑业规模达到 5927 亿美元, 中国预计将占全球建筑市场的 26.8%, 将迎来更广阔的市场。但与发达国家相比, 在单位建筑能耗比同等气候条件下, 我国建筑业的劳动生产率远低于美国、英国等国家, 增长方式粗放, 如图 1.2 所示。

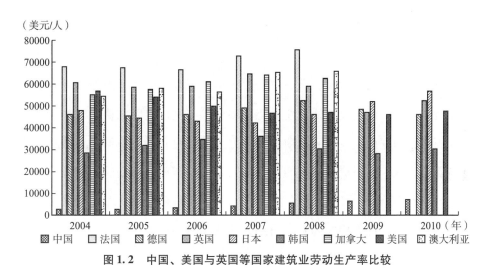

（美元/人）

图 1.2　中国、美国与英国等国家建筑业劳动生产率比较

资料来源：霍春亭, 2013。

3. BIM 为建筑业变革提供变革契机。

可持续绿色化的发展模式是目前建筑行业谋求的重点变革方向, 装配式建筑及工程总承包成为我国近 5 年的重点方向; 而信息技术应用已被普遍视为改造建筑业这一传统产业的战略手段, 三者之间可以有效结合, 相互促进。建筑信息模型（building information modeling，BIM）的出现对建设项目交付模式产生巨大影响，基于 BIM 技术构建新的建设项目生产范式已经成为建筑业变革的主流发展趋势（Harty，2005；Taylor，2007）。作为一种系统创新技术，BIM 技术的应用一方面将会对建设项目某一方参与主体的活动方式产生重要影响，另一方面将会较大改变建设项目相关活动间的依赖关系，影响能力具有较强明显的跨组织性（Harty，2005）。BIM 概念的出现与发展，为建造过程各阶段共享工程信息提供了技术平台，更好地实现了信息的收集、传递与反馈，对面向于全生命周期管理的建设项目应用起到了有益的推动作用。

1.1.2　问题提出

针对建筑业行业危机，自 20 世纪 90 年代至今，诸多国内外学者开始关注工程项目的协同问题，认为建设工程项目参与主体之间的协同缺失是造成建筑行业低效率的重要原因。项目参与方之间的对立和不协调是造成项目失败的重要因素，项目成本损失的30%都可以归结于整个项目管理过程的不合作（Shing，2002）。因此，加强项目利益相关者的管理，处理好项目参与主体之间的关系，使他们之间互动有序，达成项目系统的协同状态，是实现项目成功的重要保障。如表1.1和表1.2所示。

表 1.1　　　　　　　　　　　导致项目失败的因素分析

研究学者	导致项目失败的主要因素
Baker et al.，1983	与客户的协调较差、不充足的客户影响、与母体组织协调不利、与公共事业官员关系不好以及公共舆论不利
Duffy et al.，1988	项目参与方之间的不协调

续表

研究学者	导致项目失败的主要因素
Shing，2002	业主和承包商之间的对立、设计方和建造方的沟通渠道不顺、设计公司对业主要求理解的不深入、承包商对于设计公司的设计方案不能准确实施
Cleland & Ireland，2010	不良的客户关系、不利的公众舆论、缺乏最高管理层的支持、不能及时使最高管理层了解有关信息

表 1.2　　　　　　　　　　　决定项目成功的因素分析

研究学者	决定项目成功的关键因素
Baker et al.，1983	从母体组织和客户获得频繁的反馈信息、公众的热情支持、没有法律障碍等
Cleland & Ireland，2010	客户对项目负责、适度和持续的客户监督、高级管理层的适度监管等
Turner & Müller，2004	项目开始之前项目成功的标准必须征得利益相关者的同意和认可；项目的业主和项目经理之间存在互相合作的关系；项目经理应该充分授权；业主应该对项目的实施有足够的兴趣
张静晓等，2016	项目信息共享对成功建筑施工项目有最重要的影响

　　建设项目通常涉及业主、设计方、承包商、分包商、监理方、设备及材料供货商、生产制造商、政府及行业机构等众多项目利益相关方。建设项目成功的基础是上述众多项目利益相关方的合作，这种合作关系以网络结构的形式得以呈现（Son & Rojas，2011；丁荣贵，2010）。然而工程项目管理现实中协调不足和沟通低效率的问题却非常普遍，施工计划不切实际，协同意识缺失，从而经常导致大型项目的低绩效。当个体的兴趣和收益存在分歧时，"社会困境"（social dilemma）现象就会经常发生，使得网络结构变得越加脆弱，最终成为导致建设项目失败的根源之一。这种现象在建设项目中仍然存

在，由此本研究关注的协同管理是指在建设项目参与主体之间构成的社会网络中，通过BIM技术，减小因参与方之间关系改变而产生网络结构变化所带来的不稳定性，以保证建设项目成功的体系。

建设项目的实施是一个动态实现的过程，这种动态实现的过程凸显了建设项目的复杂性，使得项目的合作更加关注对动态合作关系的管理，而这种动态合作关系必须满足当前BIM技术的发展需求，因此，基于BIM的参与各方的合作关系是实现建设项目协同管理的基础。另外，为保持良好的长期合作关系，鼓励参与主体对BIM模型信息共享的协作参与，建立恰当的激励机制有助于规范控制建设项目网络中参与方的组织行为，并保证项目目标的相对一致性，是基于长期合作的动态演化过程。因此，基于BIM的团队协作激励机制是建设项目协同管理的保障。此外，在BIM情境下，BIM知识的扩散过程直接影响协同管理的效果，组织网络特征影响着BIM知识扩散的深度和广度，基于IFC标准的BIM技术协同将建设项目建造过程中的各类建筑信息进行有机的统一和转换，从而实现项目各阶段工程信息有序的集成、共享和管理。因此，基于BIM的知识扩散和技术协同是建设项目协同管理的必要条件。

通过以上的分析可以看出，在新的环境形势和发展要求下，建设项目存在的问题已超出了一般项目管理的范畴，基于BIM的建设项目协同管理机制将成为解决上述问题的有效途径。本研究的研究问题主要体现在以下三点：

1. 基于BIM的建设项目合作关系网络演化博弈过程对协同管理产生重要影响。

建设项目具有明显的社会性特征，社会网络中的项目参与各方通过各种关系联系在一起构成社会网络，他们之间的信任、承诺、组织机构、组织角色、建设合同模式及组织目标等受到网络结构的影响。由于项目参与方各自发展的需要，项目目标上必然存在一定差异，为了追求各自项目利益最大化，就无法有效实现协同，这意味着参与方在社会网络结构与合作关系演化过程中存在"非合作博弈"策略。因此，本研究从网络演化博弈的视角，在具有不同社会网络结构复杂特征下，对 BIM 情境下的建设项目参与方的合作关系进行研究，在不同的重复博弈动态均衡策略下，利用仿真技术，揭示具有不同网络模型的网络拓扑结构对项目参与主体间合作关系的作用规律，提出相关协同要素对建设项目产生的影响，为实现建设项目稳定的合作关系提供可靠的 BIM 协同环境。

2. 基于 BIM 的建设项目团队协作激励的网络演化过程对协同管理产生重要影响。

鉴于建设项目组织间形成的合作关系网络，参与方之间的委托代理关系是多次性、动态的、非静态的，关系契约激励是建设项目团队静态协作激励的基本方式，而随着 BIM 成熟度的不断发展，建设项目参与各方建立良好的长期合作关系将成为组织合作关系网络的常态，而动态激励机制关注的是 BIM 参与方基于长期合作的声誉维护。因此，本研究从建设项目的网络结构动态演化出发，建立关系契约激励与声誉激励机制综合动态模型，分析 BIM 情境下多期合作的团队协作激励动态过程和基本规律，提出影响激励效果的相关要素，为建立建设项目协同管理方式提供良好的激励模式。

3. 基于 BIM 的建设项目知识创新扩散演化过程与技术协同对协同管理产生重要影响。

基于 BIM 的知识扩散和采纳吸收被认为是实现业主方、设计方、施工方、生产商等参与主体网络之间信息共享的重要保证，参与方的社会网络结构影响 BIM 知识扩散速度与效果，而 BIM 技术协同以 IFC 标准为基础，为建设项目提供了一个相互依存的协同工作架构，因此，本研究立足网络演化原理，模拟知识扩散个体之间形成的关系网络，选择一定的社会结构和演化规则，揭示 BIM 知识扩散过程规律与影响因素；另一方面，通过建立基于开放建筑信息模型（open BIM）的协同技术平台初步框架，为建设项目的协同管理在技术支撑方面提供了必要的思路。

1.2 相关研究综述

1.2.1 协同与协同管理机制

1.2.1.1 协同的定义

所谓"协同"（collaboration），一词最早源于古希腊，通俗地讲就是协调合作。"1+1>2"是对协同概念最通俗易懂的解释，安索夫（Ansoff，1979）从经济学意义上借用投资收益率确立了"协同"的含义，即为什么企业整体价值有可能大于各部分价值的总和，形成协同效应。随着不同学科的发展，"协同"概念有着更深的含义，不仅包括人与人之间的协作，也包括不同的应用系统、数据资源、终端设备、应用情景、人与机器之间、科技与传统之间等全方位协同（Mora，2002）。很多的学者从不同的角度对协同进行了定义，如表 1.3 所示。

表 1.3   有关学者从不同角度对协同的观点与定义

学者	观点与定义
Mattessich & Monsey，1992	研究在复杂系统中参与者是如何协调工作，以便达到系统的目标，即参与人如何协作完成系统赋予使命的问题，是跨学科复杂命题
Van et al.，1976	集成并联结组织的不同部分进行协作以完成任务

续表

学者	观点与定义
Robins，1987	所有的交易方都获得收益，并且没有人处于受到不利影响的状态，实现帕累托改进
Malone & Crowston，1994	在资源依赖条件下，管理具有共同目标的活动间相互依赖关系的行为
Sahin & Robinson，2002	所有的决策都是为了达到系统总体目标最优的状态，实现集成优化活动
马士华等，2000	信息能无缝地、顺畅地在供应链中传递，减少因信息失真而导致过量生产与库存的情况，使整个供应链能根据顾客的需求而步调一致，获得同步化
Simatupang et al.，2002	合理地联合和调整行为、目的、决策、信息、知识和资金等方面以实现整体组织的目标
蔡淑琴等，2007	协同应是技术协同、管理协同、人机协同在供应链环境中的统一体

可以这样说，协同的定义往往限定于一个特定的环境，通过整合上述不同定义的共同内涵，可以得到一个简单的定义：协同涉及两个或两个以上的人（或个体）彼此之间交互，为了实现共同的工作目标，从事单一事件或一系列工作的活动。但需要注意的是：信息不充分、信息缺失或信息扭曲都会引发协同方面的问题，信息不完全或不对称加大了行为与决策过程的不确定性，因此，提高信息处理能力、信息集中和信息共享则是协同战略或协同机制中不可缺少的组成部分。

1.2.1.2　交流、协调、协作、合作与协同的区别

交流、协调、协作、合作与协同的区别与联系如表 1.4 所示。

表 1.4　　　　　　　　　　　与协同相近概念的含义与交叉

定义	评价标准和构成					
	分析层面	演化性	过程性	两个以上社会实体	积极相互参与	多个共同目标
协同（collaboration）： ● 是一个不断发展的过程，由两个及以上社会组织相互参与的联合活动，旨在实现至少一个共同的目标	多重性	√	√	√	√	√
合作（teamwork）： ● 协作或协调努力的一部分，为了团队共同的利益，共同的事业行动 ● 团队合作的过程描述了相互依存的团队活动，围绕员工追求的目标编制工作任务	团队	√	√	√		√
协调（coordination）： ● 动态互动，以相互依存的行动编制顺序和时间 ● 以团队资源、活动和相应的组织，以确保任务的整合和同步，并在既定时间限制内完成	多重性	√	√			√
协作（cooperation）： ● 通常通过动态职能之间的相互作用来实现 ● 自愿贡献的员工努力相互依存，顺利完成组织任务 ● 是态度的构建，参与主体在多大程度上关注整体目标，而不是个人目标	多重性	√				√

说明：√表示是该描述含义始终是定义的特征，不只是在某些情况下（例如：协调可以包括 2 个或更多的社会实体，但它也可以协调非社会性资源，所以不存在√该类别中）。

资料来源：Bedwell et al. , 2012。

　　从表 1.4 可以看出，交流强调不同个体之间的信息交换，多注重于沟通的具体手段和方法，协调是管理的职能之一，侧重于处理组织内部的各种关系，合作则指多个独立的协作成员由于某种工作关系，在一起参与同一过程、执行某种行动，合作与协同的含义最为切近，代表的过程涉及两个或两个以上实体的积极和相互努力争取实现一个共同的目标（Kahn & McDonough，1997）；而协同是最高层次的协作，在同一个时空里，协作体的共同目标完全取代个体目标，协作成员之间的竞争是最少的，协作体是以整体而不是以个体出现的。在协同过程中往往需要共享知识与资源，以达成共识，从而做出具有高可信度与可靠性的共同决策。

1.2.1.3 协同理论与协同学理论

1. 协同理论。

管理学上的协同最早出现在对企业的多角化投资的研究上，巴泽尔和盖尔（Buzzell & Gale，1998）认为协同是一种企业群整体的业务表现，它不同于各独立组成部分进行简单汇总而形成的业务表现，而是通过相关性、共享等方式联结起来的。波特（Porter，1985）通过"价值链"方法研究了企业业务单元之间的关联，为准确识别组织内的协同机会奠定了基础。到20世纪70年代末，面对适应动荡性和经济关联性日益突出的环境，强调内部独特能力的企业资源观点的开始盛行，组织内部业务单元之间的协同关系再次成为焦点。进入90年代，协同管理研究从组织内走向组织间的协同，例如，跨国、联盟、合资或外包等经营模式中的协同管理，进一步反映出环境的动态性特征。

2. 协同学理论。

协同学（synergy）源于希腊文，意为"协调合作之学"（Haken，1984）。协同学起初只限于研究非平衡开放系统在时间和空间方面的有序，后来，哈肯吸收了概率论、信息论和控制论等有关理论，从对一些平衡态理论的研究中发现，一个非平衡的开放系统不仅可以从无序到有序，当外参量增大到一定程度时，可以从有序到混乱，从而扩大了协同学的研究范围。"协同学"

是研究一个开放的、动态的复杂系统问题的理论，认为协同作用是任何复杂系统本身所固有的自组织能力，是系统有序结构而形成的内驱力。协同学涉及的基本概念通常包括相变、序参量、涨落等。

1.2.1.4　协同管理机制

1. 机制。

机制（mechanism）一词始于机械工程学，原指机器的自我运转机能和关联。它伴随着系统科学的发展而演化，现在被广泛应用于各类学科之中，借以类比系统的构造、功能及相互关系。管理科学领域认为机制是针对一个系统而言，反映系统中各个组成部分之间相互作用的过程和方式，系统所包含的要素及其结构是机制运行的基础（解学梅等，2014）。机制的运作具有一定的目的性，是系统内部的一组特殊的约束关系，对应了某种非线性关系，可以根据系统进化的需要对内部或外部关系进行选择、控制、协调和引导。

2. 协同管理机制。

在工程建设领域，随着经济发展和信息通信技术（ICT）的进步，项目管理系统所具有的规模大、层次多、参与方多、分工细、工程复杂、目标多样、信息量激增、过程性等特征越来越明显，属于典型的复杂系统工程，需要有关政府部门、民众及工程参与方等众多参与主体及众多资源共同参与和密切协作。建设项目通过交付复杂的项目来满足利益相关者的经济、社会与环境目标，随着IT技术有效性和使用范围的不断提升，复杂项目中跨组织的有效协同是实现上述目标的重要途径（Hartmann et al.，2009；Senescu et al.，2012）。

本研究中所指的协同管理机制即是建设项目中参与各方构成一个复杂社

会网络，由于彼此之间的相互协作与竞争，在共同实现项目交付以及各自战略目标的基础上，充分利用 BIM 管理手段，建立合适的网络组织动态合作关系，在长期激励机制的保障下，依托知识扩散与技术协同来实现信息共享，实现利益与风险合理分配，所形成的建设项目的管理系统内在特定规律性机制。

1.2.2 不同视角的建设项目协同管理研究

建筑业在生产效率方面生产效率的落后原因部分可解释为在信息技术上的低投入（Hartmann & Fischer，2008）。20 世纪 80 年代以来，随着国内外工程项目领域实践的不断发展，建设工程的日趋大型复杂化和异形结构化，随着 BIM、虚拟现实技术（virtual reality，VR）、项目信息门户（project information portal，PIP）、地理信息系统（geographic information system，GIS）、激光扫描仪（laser scanner）以及射频识别技术（radio frequency identification，RFID）等先进信息通信技术依赖性的增加，建设项目越来越需要全过程的控制，项目的研究、开发、建设与运行开始逐渐相结合，项目管理也越来越呈现出信息化、集成化和虚拟化的特点（丁士昭，2005）。基于以上背景，国内外学者围绕协同管理的思想，从不同角度进行了一些有益的探索和研究，研究内容包括对工程项目利益相关者关系、供应链管理、合作管理、协调管理、动态联盟、虚拟管理、并行工程、集成管理等方面的研究。同时鉴于现代信息通信技术的迅猛发展和在工程项目管理中应用的不断深入，出现了很多关于工程项目信息技术、基于计算机技术的工程项目协同管理方面的研究，下面分别进行阐述和总结。

1.2.2.1 基于组织管理模式视角的建设项目协同管理研究

1. 工程项目的交易模式与协同研究。

工程项目交易方式（project delivery system，PDS）是指项目参与方为了实现业主的目标与目的，完成预定的工程设施而组织实施项目的系统方式，它不仅规定了项目参与方的责任和权力，还规定了各方之间的关系，确立了各方的合同框架以决定各方在合作期间的相互关系（Love & Skitmore，1998）。米勒等（Miller et al.，2000）比较分析了 DB、EPC、CM、PMC、BOT 及合作伙伴模式的区别；贝伦茨（Berends，2006）对各种项目管理模式中的协同测度进行了研究，并对不同模式下的协同程度进行了比较，指出不同的项目交易模式对协作谈判方法以及项目协同绩效造成明显差异；国际咨询工程师联合会（FIDIC，1999）给出了 DB、EPC 等不同合同模式所适用的合同条件；程杰等（Cheng et al.，2003）对提出了一个评价建设项目内部协同程度的模型，并根据这个模型来评价项目组织结构的效率。

国际实践证明，采用 EPC 模式、DB 模式的国际工程项目已成为主流，明显优于传统模式。已有研究表明，技术和组织是一种相互构建关系，通过它们共同发展，影响彼此。工程总承包项目管理模式与 BIM 信息技术之间的关系亦遵循此原则，特别是在建设项目中的应用将得到较好的契合，工程总承包为 BIM 价值应用提供了舞台，而 BIM 的成功应用需要打破项目各参与方（业主、设计方、总承包方、供货方及构配件制造方等）原有的组织边界，有效集成各参与方的工作信息。

20 世纪 90 年代国外建筑业诞生了一种全新的建筑项目交付模式——综合项目交付（integrated project delivery，IPD）。IPD 已经发展成一种定义清晰并拥有一套完整专属合同体系的建筑项目交付模式，美国建筑师协会（AIA，

2007）、美国总承包商协会（AGC，2007）认为 IPD 可以在业主、工程师、承包商和其他可能的项目相关方之间建立起一种合作关系，从而使各方利益趋于一致，降低甚至消除项目的风险。但 IPD 具体执行时很多工程实践中的技术问题还没有完美的解决方案，业界倾向于将 BIM 与 IPD 相结合解决目前存在于工程实践中的问题（Fisher，2011）。与传统项目交付模式中的项目管理模式相比，IPD 方法在项目的团队组织、职责定义、阶段划分、多方协议、工作模式、决策模式和协同技术支撑等方面都发生了很大的变化。因此，如何将 IPD 的协同管理理念及成功技术应用到我国建设项目的管理过程中，提高建设项目的管理水平，提升建筑企业的可持续发展能力，是一项既有重要意义又具有极大挑战性的急迫任务。

2. 工程项目伙伴关系（partnering）管理研究。

近年来，国际工程项目中伙伴关系作为一种业主和承包商合作的管理模式得到了越来越普遍的应用，成为管理理论和实践的研究的热点。库克和汉彻（Cook & Hancher，1990）最早预见到伙伴关系项目管理模式研究价值，提出伙伴关系作为一种合作战略，受到关键因素、组织成长和竞争力等关系的影响；米勒（Miles，1996）提出承诺、平等、信任是伙伴关系的基础；布朗（Brown，2001）研究了建立伙伴关系的途径，通过实证说明项目合作各方可以发展协作来避免对抗，总结了伙伴关系管理的一般过程和相关成功因素；麦克尔沃尔和麦克休（Mclvor & Mchugh，2000）将伙伴关系定义为协同关系，认为应从买方或卖方降低成本、卖方参与新产品开发、配送及物流管理和核心企业战略四个方面来发展伙伴关系。

在国内，戚安邦（2001）提出项目合作主持人在工程项目中的作用；许天戟（2002）针对建筑行业项目特点，引入伙伴关系的"防护屏障"概念，提出一种预防争端和冲突的机制和协议体系；赵振宇（2004）设计出一个可操作性较强的工作流程，建立了工程项目伙伴关系诊断和预测分析模型。此外，部分学者还分别研究了家电、IT、制造等行业的供应链协同、合作关系及绩效之间的关系，总结了影响伙伴关系的影响因素。从以上研究可以看出，协同的发展应是伙伴关系的后期演变，要建立良好的伙伴关系，建立一个良好的协同机制是重要的基础和前提。

3. 工程项目组织目标协同研究。

巴布（Babu，1996）建立了工程项目三大目标协同优化的模型；克亨等（Khang et al.，1999）对目标协同模型在实际工程项目管理中的应用进行了案例分析；王健等（2004）构建了工程项目建设阶段中工期、成本与质量综合均衡优化模型；吴绍艳（2006）运用微粒群算法求解了工程项目工期、质量、费用和资源最佳协同优化方案。但这些目标协同研究多数集中在项目的三大目标，对于项目的其他目标研究较少。

1.2.2.2 基于信息集成视角的建设项目协同管理研究

1. 建设项目虚拟管理研究。

建设项目协同管理的重要支持条件是信息共享与可理解程度（Fischer & Kunz，2004）。而"虚拟"本质上是指通过运用信息、通信技术和利用组织以外的资源，以一种非传统方式实现组织特定的目标，是项目参与各方实现工程理解和沟通的重要工具和手段。近几年出现了基于虚拟现实技术的虚拟组织、虚拟企业、网络化企业、动态联盟、虚拟建造、并行工程等相关概念。

在工程项目领域的虚拟建造（virtual construction）研究方面，王立峰等（Wang et al.，2003）研究了建筑承包商虚拟伙伴选择问题，指出了工程项目虚拟团队精神的重要作用，集中体现在项目参与方在建设实施全过程中复杂互动关系及团队协作上；哈利勒和王守洪（Khalil & Wang，2002）将虚拟组织的理论应用于大型工程建设项目；哈桑（Hassan，2002）等研究了信息通信技术（ICT）和虚拟企业（VE）对大型建设项目实施的影响；斯坦福大学设施集成化工程中心（CIFE）自 1988 年成立以来，科学研究方向先后经历CAD、3D、BIM 到 4D 等多个阶段，首次提出建设领域的虚拟设计与施工（virtual design and construction，VDC）理论（CIFE，2001）。这些学者对虚拟建设问题的研究主要侧重于技术层面，包括各种虚拟技术在建筑设计、可视化、施工现场模拟、施工安全、工程人员培训中的应用，与建设项目信息管理系统、系统间信息共享与应用平台技术等有关的内容较多，而涉及虚拟建设组织管理层面问题的研究较少。

国内关于虚拟建设中对组织管理层面问题的关注程度逐步提高。徐友全（2000）研究了虚拟建设模式的思想、组织、方法和手段，分析了虚拟建设实施过程的方法和手段，认为业主方、设计方、施工方、供货方的纵向命令和控制关系应转变为横向协作联系；陈江红等（2003）从知识管理的角度描述了工程项目管理虚拟组织的四大基础；郑磊（2005）、王德兵（2008）分析了基于核心能力的虚拟建设伙伴选择和信息管理、建设项目虚拟组织的协调与风险管理。

2. 工程项目集成化管理。

集成化管理相关课题研究和现代信息技术在工程建设项目中应用研究是目前工程建设领域国际研究的热点课题，主要包括信息集成与过程集成等内容。

（1）信息集成是过程集成、组织集成及目标集成的基础与纽带，是项目集成管理的基础和核心。建筑生产过程的本质是面向物质和信息的协作过程，项目组织的决策和实施过程的质量直接依赖于项目信息的可用性、可访问性以及可靠性。在信息集成研究方面，勒文等（Leeuwen et al.，2006）提出了对象分散化的协作模型，主张数据与数据拥有者应结合生产流程，以实现数据的远程存储和共享；丁士昭（2003）对项目信息门户（PIP）的概念、特点、功能、实施条件等进行了深入研究，为项目各参与方提供一个获取个性化项目信息的单一入口；陈勇强（2004）在分析和研究了 ISO 组织推出的BCCM（building construction core model）信息模型后，提出了超大型工程建设项目信息集成概念模型；于龙飞（2016）提出了基于 BIM 建设项目集成建造系统（BIM—CICS）的概念，对其进行了总体设计，对体系结构、总体架构及功能模型等进行了研究。

（2）很多学者对过程集成在建筑行业中的应用进行了研究。埃夫布隆万等（Evbuomwan et al.，1998）、费舍尔等（Fischer et al.，1998）构建了一个集成化组织模型，集成了包括业主、设计师、承包商、材料供应商、项目咨询机构等众多项目参与方，认为组织过程集成是解决项目建设过程中信息获取和沟通问题的有效途径，提出不同组织间的经验和知识共享是组织过程集成的目标；洛夫（Love，1998）等提出了一种多学科综合项目团队的组织集成模式，推出涵盖一致性目标和公平分配方式的关键成功因素；在国内，冯绍军和陈禹六（2001）认为过程集成必须以信息集成为基础，建立了过程集成框架；陈勇强和卢勇（2004）、李永奎（2007）认为过程的集成必须与组织的变革同步进行。

3. 工程项目协同工作研究。

目前国内外此方面的研究主要集中在计算机支持协同工作（computer supported collaborative work，CSCW）、虚拟现实技术等方面，而协同工作利用信息和网络技术的发展，对组织内的信息进行集成共享，支持组织内和组织之间的协同工作，成为未来项目管理的重要方向。彭纳莫拉和费尼奥斯基（Pena-Mora & Feniosky，2002）在工程建设行业中企业的多项目和单个项目层面对信息技术的支持进行了研究，建立了基于现代计算机技术的工程项目管理多设备协同工作应用分析系统；卡马拉（Kamara，2001）研究了信息技术对设计和施工协同化的支持及其对业主方的影响等。在我国，仰飞（2005）等开发了应用于大型基础设施建设项目的协同工作软件；齐宝库等（2016），将协同管理思想应用到预制建设项目工程建设全过程中，构建了CSCW 平台，分析其运行模式、特点及其优势与不足。以上这些研究大多基于协同理论和理念，利用信息和网络技术来实现协同工作，但都是基于技术角度，应用管理理念和管理方法的研究较少。

1.2.2.3　基于协同学与系统视角的建设项目协同管理研究

与国外研究相比，国内主要以协同学、系统学等思想和方法进行研究，基本上停留在对研究方法的介绍，实施层面还处于初级阶段，缺乏整套完整的理论体系。秦书生（2001）研究了现代企业自组织运行的协同机制，提出现代企业协同机制既要重视企业实力、资源、素质等"硬件"方面，又重视企业文化、领导作用、组织结构等"软件"方面的控制机制；韩伯棠（2004）提出通过内部资源协同、多角化经营的关联协同和资源外划的新型资源扩张模式等途径实现协同效应；白列湖（2005）提出了管理协同形成机制、实现机制和约束机制等三大机制；孙永杰（2010）从协同功能模块、范式模块、计算机技术支持模块的不同维度分析，建立国际工程项目与国内建筑施工企业的协同模型；张晓娟（2011）阐述了供应链信息协同机制，对供应链信息协同中合作伙伴选择及供应链信息协同绩效进行了分析评价。

1.2.2.4　基于网络视角的建设项目协同管理研究

近年来，从社会网络角度研究项目各参与主体之间的协同关系成为新的发展趋势。社会网络分析作为一个公认的分析技术已经被广泛运用于供应链管理、恐怖主义网络和跟踪艾滋病的传播。近年来，网络分析方法开始应用于工程建设领域，项目参与主体网络之间的关系、信任、沟通等概念得到广泛关注，SNA 模型被用来识别项目组织的优势和劣势（Taylor & Bernstein，2009）和提升项目绩效的项目团队（Chinowsky et al. , 2010）。在企业间网络中，早期的很多研究学者认为，企业可以通过知识交换与彼此相互学习来提高工作效率（Uzzi & Gillespie，2002；Taylor et al. , 2009），因此，许多研究人员一直在努力探讨网络对不同行业公司的绩效影响，如汽车行业、银行财团、生物科技产业、化工业以及高科技制造业等。以上这些研究结果表明，企业间不同网络结构及特征对企业创新和潜能的提高影响作用明显。

综上所述，国内外理论界在建设项目协同管理方面已经取得了很多有意义的研究成果，但是已有的研究多是将协同管理的思想应用到项目管理中，专题研究建设项目的协同管理的成果较少，缺乏深入、全面的展开，而且从复杂系统和社会网络理论的角度寻求方法论支持的研究相对较少。本研究的选题就是在上述背景下产生，希望能基于复杂系统理论和社会网络理论的角度上，针对 BIM 情境下的建设项目，探讨参与主体之间协同管理机制的影响因素，运用博弈论和仿真模拟的方法，展开全面深入的相关协同方法和技术探索与研究。

1.2.3 社会网络理论在工程管理的应用研究

社会网络理论发展于 20 世纪 30 年代，在 80 年代得到了广泛的传播，逐渐成为研究社会结构的全新社会科学研究范式，也已成为交叉学科广泛使用的研究新方法和新技术。随着近年来复杂网络研究成果的引入，社会网络分析方法和技术进一步得到丰富和发展，被广泛应用于社会学、经济学、管理学和信息技术等研究领域。

1.2.3.1 社会网络理论的概述及其核心理念

1. 社会网络理论概述。

社会网络分析（social network analysis，SNA）是通过综合运用图论、数学模型来研究行动者与行动者、行动者与其所处社会网络，以及一个社会网络与另一社会网络之间关系的一种结构分析方法（孙立新，2012）。在这个定义中的"行动者"，通常称"节点"，可以是一个个体，也可以是一个群体、一个组织，甚至是一个国家，这些行动者及其间的关系就构成了社会网络。

（1）社会网络理论的起源和发展。梅奥（Mayo）的霍桑实验发现的非正式组织是最早采用社会群体对企业组织进行的社会网络研究，社会计量学者通过研究小群体，在技术上推进了图论方法的发展。布朗（Brown）曾使用"社会关系网络"（network of social relations）一词来描绘社会结构，在 20 世纪 30 年代，哈佛大学的社会学研究者提出了"派系"概念，而最早运用"社会网络"概念的学者是曼彻斯特大学的巴尼斯（Barnes，1954），他确认了部落和乡村的"社区"关系结构，随后布特（Bott）在 1957 年提出了第一个密度指标——结（knit）来测量网络结构，米切尔（Mitchell，1969）年提出并区分了整体网络和自我中心网络概念。这些研究成果于 20 世纪 70 年代在哈佛大学得以汇集并发扬，开始扩展对社会结构数学基础的研究，同时将其他同行的许多卓见加以综合，逐渐形成了具有凝聚性的社会网络分析框架（刘军，2004）。

（2）社会网络分析的理论基础。社会网络分析的理论基础主要是本体论、认识论和方法论。沈秋英等（2009）认为一个社会系统或经济系统的存在与发展并不是依赖于人的认知，而依赖于在客观上所确定社会关系的相互关联与互动。

首先，在认识论上，社会网络理论认为世界是由网络而不是由个体或群体组成的，社会网络分析更注重行动者之间的关系，而非行动者之间的属性，行动者所遵循的规范产生于其所在的社会关系结构中的位置。其次，在方法论上，社会网络分析基于一个假设，即互动社会行动者之间存在的关系十分重要，研究关系属性对行动者行为的影响。由此，社会网络分析的基本单元不再是社会行动者本身，而是行动者之间的关系。

总之，从以上分析可知，社会网络分析不是一种"正式"的、具有统一性的理论，而是一种研究范式，或者是一种解释机制。它既是一种研究倾向，一套独特的研究方法，也是一种研究范式；同时，它还是一系列独特的理论，即社会网络分析理论（Scott，2011）。

2. 社会网络理论的核心理念。

作为一种具有引导性的概念和特殊方法，一些学者认为社会网络分析为新的社会结构理论提供了基础。具有代表性的理论包括格兰诺维特（Granovetter，1985）的"嵌入性"理论、伯特（Burt，2008）的"结构洞"理论等为代表的当代社会网络核心理论，认为本源理论是社会网络理论发展的根本基础。这些理论的研究极大地推动了社会网络分析的研究和应用，成为当前众多研究领域借鉴和使用的基础理论。

（1）结构对等理论。结构对等理论关注的主要是基于群体内行动者关系的分析，针对的是网络内部的问题。主要是针对网络中的行动者如何相互影响对方的态度和行为等方面作出预见和判断。社会网络中的结构角色理论主要包括：镶嵌理论、强连带优势理论、社会资本理论、结构洞的权变理论以及小世界理论。

（2）嵌入性理论。嵌入性也叫根植性，这一观点对于社会网络结构分析的发展有巨大的推动作用，认为人类的经济活动是嵌入在制度之中的。格兰诺维特（Granovetter，1985）认为经济行为嵌入社会结构，而核心的社会结构就是人们生活中的社会网络，嵌入的网络机制为信任。他还认为个体同时处于多个网络中，如体制、知识及社会网络等，个体们的协同行为及最终收益取决于整体网络设置和个人关系的属性。

（3）社会资本理论。林楠（Lin，1999）在发展和修正格兰诺维特（Granovetter）的"弱关系力量假设"时，提出了社会资源理论，认为社会资源是与社会网络联系在一起的，那些嵌入到个体社会网络中的社会资源——权力、财富和声望等，并不能为个体所直接占有，而是通过个体的直接或间接的社会关系来获取。由于社会资本的存在或分布不均衡，会促使不同个体与组织之间发生直接或间接的联系，进而促进包括信息在内的各种资源在整个社会范围内的流动。

3. 社会网络的结构特征。

经过近 80 年的丰富和发展，社会网络分析成为研究人员研究群体或组织之间的相互作用的有效工具。最初的研究主要集中在个体之间的关系，利用图或社会关系图的信息交换方式创建节点，以此来表示个体之间的关系，成为调查团队个体之间人际关系结构的一个基本工具。后来，社会关系图的概念被逐步延伸到群体动力学中，用于衡量个体或组织在一些活动绩效中的信息交换（Chinowsky & Taylor，2010；Scott，2011）。社会网络分析方法按照组织间关系的层次将社会网络的结构特征分为整体与个体结构特征，其中，整体结构特征变量包括网络密度、网络中心性、集中性（集聚系数）、平均最短路径、节点度分布、派系或群落等；个体结构特征变量主要有节点度数、中介性和结构洞。

1.2.3.2 社会网络理论在工程管理中的应用

1. 社会网络理论在工程管理中应用的必要性。

建设项目具有明显的社会性特征，它不仅包含物质性操作活动，还包括复杂的人员合作与协作等大量社会性活动。然而，在传统的建设项目管理中往往局限于项目内部系统，将建设项目组织视为一种正式的、稳定的、指令的关系（Pryke，2004），而忽略了诸如文化、沟通、信任关系等"软性"要素，忽略了建设项目组织的社会性、开放性和网络性，从而使得相关研究在解决当前建设项目众多社会学问题方面显得越来越力不从心（乐云等，2010）。埃尔曼（Ellmann，2005）认为建设项目具有社会经济复杂性以及管理和结构复杂性特征，研究认为项目正式组织和经济目标与非正式组织和"软性"目标（如和协作、信任和沟通有关）交织于项目中，社会网络分析是分析这些结构和联系的重要方法。

2. 社会网络理论与建设项目组织关系。

社会网络理论在建设组织的研究重点放在组织和项目治理上，相关研究主题包括研究项目团队职责和关系、高绩效团队知识共享、团队沟通机制和高绩效团队组织架构等方面。奇诺夫斯基（Chinowsky et al.，2010）分析社会网络对工程项目团队绩效的影响，认为建筑业是基于一个临时性的、不稳定的、重组的社会网络，在项目目标的压力下，工程项目实施各个组织经常被要求尽快从构建阶段转向协同阶段，从而迫使项目团队之间尽快建立信任关系，但合同关系成为网络组织中知识交换的障碍。普里克（Pryke，2006）考察了 SNA 在英国在建设项目采购模式方面应用的管理特征和实施过程。奇诺夫斯基（Chinowsky et al.，2010）对四个建筑业组织社会网络模型进行了案例分析，认为建筑业组织在关注内部沟通效率的同时，应该付诸更多的注意力在组织内部的治理结构上，以提高组织沟通的有效性和项目的高绩效。国内学者乐云等（2010）将社会网络分析法应用到研究大型复杂群体项目的管理团队，展示了该方法在建设项目组织管理领域的主要应用方式和可行性。丁荣贵等（2010）以某大型建设监理项目为例，构建了基于 SNA 的项目治理社会网络模型，分析了项目利益相关方在网络中的嵌入方式、网络结构特性以及其治理策略之间的相互影响。然而，目前建设领域的社会网络研究仍局限于网络结构特征的描述，研究深度和广度没有取得较大的突破。

3. 社会网络理论与建设项目协同。

在建筑领域网络的协同研究中，早期的研究主要集中在个体层面情境下的产业网络问题，包括投标竞争、危机状况以及信息交换。程杰（Cheng et al.，2003）进行了定量评估研究，认为优化组织网络结构可以促进团队成员之间的协同效率。奇诺夫斯基（Chinowsky et al.，2010）构建了建设工程项目初始社会网络模型，分析了社会网络对工程项目团队协同绩效的影响。索恩和罗杰斯（Son & Rojas，2011）在大型工程项目中的复杂网络协同进行了较先进的研究，以复杂系统观点，对临时性项目团队的知识创造过程进行了建模和仿真，建立了一个大型建设项目临时团队协同演化理论框架，通过整合个体行为模型和网络模型拓宽了现有的计算组织和网络研究。国内学者李永奎等（2013）通过建立建筑业企业社会网络模型，实证得出了企业市场竞争力受中心度和结构洞中的限制度指标的双重影响，在不完全竞争条件下，企业要提高自身在建筑市场的竞争力，必须尽可能利用地缘社会关系和政府资源关系，巩固自身在网络中的位置和提高网络个体中心度。

1.3　研究目的与意义

1.3.1　研究目的

建筑业转型变革的目的在于广泛运用信息技术和现代化管理模式，打破组织间的信息割裂，实现跨组织协同，将工程建造的全过程连接为完整的一体化产业链，从而提升劳动生产效率和减少资源浪费。而 BIM 的迅速发展为解决建筑生产过程的信息割裂和改善协作模式提供了契机，已经成为提升工程项目管理中的协同能力的重要手段和方法，只有建立良好的协同机制才能发挥 BIM 所带来的价值和收益，而目前 BIM 的协同作用已经在组织内部开始初步显现，必将会对整个建设项目所涉及的组织间协作机制产生重要影响。

在这种背景下，本研究对基于 BIM 的建设项目协同管理进行研究和分析，旨在探讨 BIM 对我国建设项目管理组织关系的重大影响，通过建立健全切实有效的协同管理机制，提供实现建设项目协同目标的有效手段和管理模式。具体的研究目的在于：（1）考察在 BIM 情境下建设项目协同管理的主要影响因素，并基于此分析 BIM 在建设项目协同管理的价值体现；（2）以建设项目的主要参与主体之间的协同优化为研究对象，以 BIM 作为改善协同系统的重要促进手段，研究建设项目协同管理模式及其实现机制的方法；（3）采用复杂网络动态分析方法，构建建设项目协同管理系统的相关模型，分析在BIM 情境下协同管理机制的演化规律。

1.3.2 研究意义

1. 实践意义。

BIM 具有明显的跨组织性，已成为促进建设项目发展的催化剂。BIM 已经成为提升建设项目的参与各方协同能力的重要手段和方法，必将会对建设项目所涉及的组织间协作机制产生重要影响。在这种背景下，本研究对基于 BIM 的建设项目协同管理机制进行研究和分析，以改善和提高建设项目的管理水平，实现建设项目目标，对发挥 BIM 在建设项目的协同作用具有一定的实践意义。

2. 理论意义。

建设项目具有明显的社会性和开放性，但由于现阶段建设项目的跨组织性、契约性和社会化分工性等固有问题仍未有效解决，跨组织协同问题成为影响建设项目绩效的核心问题。国外在研究 BIM 情境下的项目交易模式、组织管理模式等方面已经取得不少成果，而国内还处于起步阶段，对基于 BIM 的建设项目管理研究更是薄弱。从文献看，BIM 情境对建设项目跨组织协同的影响具有复杂性和挑战性，对该类项目的跨组织协同机制研究尚未形成体系，大多处于概念讨论阶段，割裂的研究建设项目的设计、生产加工、施工安装等过程，而未从复杂性和社会性视角对建设项目进行分析。本研究旨在将 BIM 和建设项目结合起来，研究跨组织协同的作用机理、演变及优化等关键问题，建立 BIM 情境下建设项目的全过程跨组织协同管理的初步理论框架，实现建筑业一体化产业链信息的集成与管理，为政府机构在推进 BIM 进程提供必要的理论支撑，有助于完善现有建设项目管理理论。

1.4　研究内容与方法

1.4.1　研究内容

主要的研究内容安排如下：

第1章"绪论"，拟提出本研究的研究的背景与问题，立足建设项目社会网络，分析总结分析协同管理与社会网络理论研究的相关研究现状，提出目的与意义、主要内容与方法。

第2章"BIM与建设项目协同管理"，讨论BIM的内涵，将BIM作为建设项目协同管理的重要影响变量和环境支持，分析BIM的跨组织性及与组织间关系的相互影响。

第3章"基于BIM的建设项目协同管理因素分析"，从建设项目参与方、过程与环境、信息技术与组织关系等方面对影响建设项目协同管理的因素进行梳理，利用实证调查和统计分析的方法，提出关键影响因素和协同公因子。

第4章"基于BIM的建设项目合作关系分析与仿真"，在BIM条件框架下，分析建设项目的网络特征及合作关系网络生成机制，采用雪堆博弈方法，建立建设项目的小世界网络和无标度网络演化模型，并对模型进行仿真和分析。

第5章"基于BIM的建设项目团队协作激励机制分析与仿真"，对建设项目的协作激励机制进行分析，建立了协作激励机制的动态变迁过程，构建基于声誉因素的两阶段最优动态激励契约模型，并对模型进行仿真和分析。

第6章"基于BIM的建设项目知识扩散与技术协同分析与仿真",阐述了BIM情境下的知识扩散机理与影响因素,提出BIM知识扩散的演化模型,采用元胞自动机的方法,对BIM知识扩散进行仿真和分析。另一方面,对BIM技术的建模要素进行分析,建立基于Open BIM的建设项目协同平台初步框架。

第7章"结论与展望",将对本书研究进行总结和展望。

本书研究内容具体框架如图1.3所示。

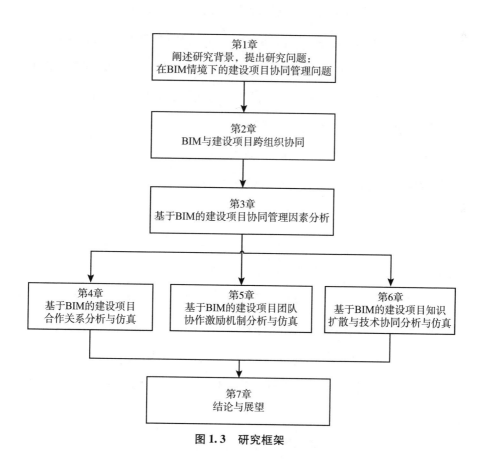

图1.3 研究框架

1.4.2 研究方法

针对以上研究的问题，本研究采用文献分析、理论演绎、程序仿真等方法开展相关研究，具体阐述如下：

1. 文献分析法。

本研究通过查阅有关建设项目协同管理理论与实践的研究文献与资料，把握国内外研究水平、研究热点和发展趋势，分析当前建设项目中存在的问题和不足，总结现有的研究成果，定位本研究的切入视角及拟解决的关键问题，建立本书研究框架和模型。本研究还分析了建筑业的发展现状以及 BIM 技术对建筑行业影响，总结了不同学科、相关领域对协同及协同管理的现有理论研究成果，从社会学、管理学、经济学、复杂网络等多个学科领域中广泛寻找相关的理论支撑，结合我国建设项目协同管理的特征，在 BIM 情境下，建立了建设项目协同管理相关内容的模型，并依据复杂网络理论进行了必要修正与改进。

2. 系统研究的方法。

建设项目的参与主体之间的相互关系构成了复杂的社会网络，其多组织、多阶段、多维度及动态性等特性决定了运用系统和社会网络方法进行分析和研究的必要性和可行性。本研究的研究将严格遵循系统分析和社会网络的理论体系，充分考虑网络中元素的关联性以及它们与系统环境之间的关联关系，从整体的角度考虑 BIM 与协同机制的相互关系，来验证了两者结合的必要性，用系统和社会网络理论的观点对建设项目系统发展演化过程中的协同管理机制展开研究。

3. 定性分析与定量分析相结合的方法。

除了定性分析方法外（多为描述 BIM 与协同的关系及相互促进作用），

本研究对建设项目主要参与主体进行协同因素的问卷调查，采用 SPSS20.0 软件对有效问卷进行了检验和分析。此外，本研究采用仿真方法（Matlab R2012b 软件），对建设项目协同管理的相关问题进行系统建模和动态过程模拟，运用各种模型和技术，解决用解析方法难以解决的十分复杂的问题。

4. 动态分析与静态分析相结合的方法。

由于工程项目系统具有动态性，建设项目管理协同机制也具有动态的特征。因此对协同机制的研究必须在工程项目全寿命周期建设过程中进行分析，才能描述建设项目管理的协同机制演化过程。动态分析又要以静态分析为基础，对组织间的相互关系等方面的静态分析能够深化动态分析的结果。

第2章

BIM 与建设项目协同管理

BIM 被认为是全球建筑行业的变革性理念和里程碑技术，这使得众多学者和专家从技术和管理的不同视角对 BIM 的内涵、价值体现、应用障碍、合同模式以及技术要素等进行研究，但对于 BIM 情境下组织间实现有效的协同管理仍存在诸多疑问和亟待解决的问题。为进一步明确本研究的研究对象、研究内容和所采用的理论体系，本章对 BIM 与建设项目跨组织协同的内涵进行阐述，通过总结 BIM、建设项目与跨组织协同中的相互关系和重要意义，确立本研究的理论基础，为后续章节的研究提供必要的理论支撑。

2.1 相关概念界定

2.1.1 建设项目管理

1. 建设工程管理内涵。

一般而言，建设（工程）项目是指为了特定目标而进行的投资建设活动。建设工程管理（professional management construction）是一个专业术语，其内涵涉及工程项目全寿命过程管理（building lifecycle management，BLM），即包括开发管理（development management）、项目管理（project management，PM）和设施管理（facility management，FM），涉及包括投资方、开发方、设计方、施工方、供货方和设备管理方等参与方的管理，建设工程管理的核心任务是为工程建设增值（丁士昭，2005）。信息处理与建设项目实施有着紧密的联系，项目信息的动态控制是项目实施的过程中的重要内容。

2. 建设项目的临时性团队管理。

建筑业在很大程度上被认为是一个"团队"性行业，通常称建设项目的业主、咨询顾问以及建造者的集成代表等叫"项目团队"。理想团队的特征主要表现如下：统一聚焦和共同目标；相互依存关系、相互负责制和形成合力。这些特性比较难以实现，需要较长时间，必须通过其成员培养团队全体成员的集体意识、谈判和塑造决心以应对需求或挑战等加以实现。因此，这一承诺建设过程最终导致社会契约的建立，以约束组织全体成员。在这种情况下，有效的团队将他们共同目标转化为具体的绩效目标和对象，定期评估他们应对目标的联合绩效，通过成员间的交互影响，随着目标共享和合作相互依赖的提高而不断加深组织成员的责任，最终实现集成效应。

2.1.2　BIM 的内涵

2.1.2.1　BIM 概念

2000 年以后，在软件开发企业的大力推广下，建筑信息模型开始引起国内外业内人士的关注，很多组织都对 BIM 的含义进行过诠释。其中，美国国家建筑科学协会（NIBS）下属的设施信息委员会对 BIM 的定义为：BIM 是对设施的物理特征和功能特性的数字化表示，它可以作为信息的共享源从项目的初期阶段为项目提供全寿命周期的信息服务，这种信息的共享可以为项目决策提供可靠的保证（NIBS，2008）。这一定义是目前对 BIM 较为权威的阐释，在行业内得到广泛认可。此外，部分学者亦采用建筑产品模型（building product modeling）、产品数据模型（product data modeling）、VDC（virtual design and construction）、nD Modelling 及 VP（virtual prototyping technology）等术语表达相同或相似的概念（Eastman et al.，2008；LI et al.，2010）。

结合国内外业内人士的观点，本研究认为 BIM 的概念是：BIM 是基于三维模型技术的数字化表示，它涵盖建筑物全寿命周期，在不同的项目阶段为不同的参与方提供信息交流平台，以数字化、可计算的形式提供图形信息和非图形信息（如进度、价格等），目的在于促使参与方加强协作，使项目信息更加透明和及时，以便正确决策，提高项目质量，实现项目价值最优化。它既是一种工具，也是一个过程和一项技术。

2.1.2.2　BIM 的特征与价值

BIM 通过对建筑设施进行数字化、智能化表示，可有效应用在建设项目全寿命周期的场地规划、协同设计、碰撞检查、能耗分析、施工进度模拟、成本控制等方面，具有包括信息存储结构的多元化、参数化建模、IFC 的数据交换标准、联合数据库分类模型的模型系统等显著特征（NBIMS，2007；Eastman，2008）。

美国国家建筑科学研究院（NBIMS，2007）认为："BIM 代表通过创新信息技术和商业结构而实现重大改变的新的理念和行为，它将革命性的减少建筑业各种形式的浪费和低效"。美国斯坦福大学对全球 BIM 应用项目的调查研究表明，通过有效应用 BIM 可降低 40% 的设计变更，并将施工现场的劳动生产率提高 20% ~ 30%（Fischer & Kunz，2009）。莱特等（Leite et al.，2011）研究了一系列案例，证明 BIM 在快速估算、工期、安装、信息征询等方面存在可衡量的价值，如表 2.1 所示。BIM 得到广泛的关注在于它不但可以为项目设计、施工与设备管理提供不同的价值服务，而且还能提供从项目决策到过程管理全寿命周期的利益。对于一个项目的整个生命周期，这些价值还将包括整个生命周期的成本控制，生命周期的数据集成，通过模型的发展进行快速、准确同步变更控制（NBIMS，2010）。

表 2.1 应用 BIM 项目所获取量化价值的案例一览

应用 BIM 目的	项目类型	可量化价值
成本估算 空间计算 设计和规划	酒店建筑	提高 44% 的快速估算
	各种项目	提高 3% 的成本估算准确率和 80% 快速估算
	医药研究实验室	节约 20% 人工费，相当于节省 62% 成本
	住宅、商业中心、公共建筑等各种项目	节省 2.6% ~ 46.4% 的工时
		减少 40% 未列入预算的变化
	医药办公楼	节约 MEP 承包商 20% ~ 30% 的劳动成本
		提升 25% ~ 30% 的机电部件安装效率
		节省整个项目 6 个月工期
		节约 900 万美元
	水族馆项目	节约 20 万美元
	艺术中心	节约 1000 万美元
	试验工厂设施	降低 60% 的 RFIs（信息征询）
	各种项目	节约 60% 合同价值

2.1.2.3 BIM 的发展及应用困境

莱维特（Levitt，2004）针对美国建筑创新进行调查研究，采用估计数据观察法分析了过去 40 年间建设设计 CAD 软件技术的发展过程，麦格劳－希尔（McGraw-Hill，2008）及美国总务管理局（GSA，2009）也开展了相应的数据调查。综合以上调研结果的数据显示（如图 2.1 所示），在近十年间，CAD 软件的发展势头明显下降，BIM 系列软件的发展迅猛，BIM 的发展使项目组织间的关系发生了很大的变化。

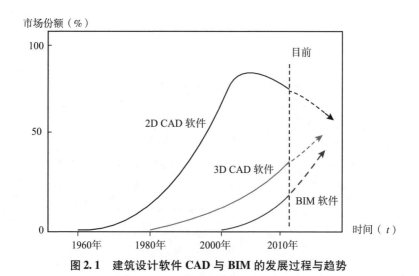

图 2.1　建筑设计软件 CAD 与 BIM 的发展过程与趋势

当前，BIM 的应用面临许多困境，建筑行业及学术界开始研究和思考 BIM 技术应用与协同管理的所共同面临的问题，如图 2.2 所示，传统建设项目及流程的不兼容已成为导致上述应用问题的关键，造成这种不兼容的根源在于混淆了技术与组织之间的关系。

目前关于技术与组织之间的关系存在技术决定论、组织决定论及互补论等三种不同观点（张燕和邱泽奇，2009）。许多组织和学者通过研究指出，导致上述目前 BIM 应用困境的关键问题在于学术界及行业界步入了技术决定

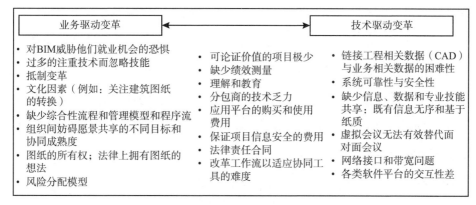

图 2.2 BIM 与协同的应用困境

论的误区，忽略了 BIM 的跨组织性，认为 BIM 技术的应用会自发地解决建设项目及行业相关组织问题，从而可以通过解决 BIM 自身应用问题而达到提升项目绩效的目的。因此，要想克服上述困境，必须明确 BIM 在跨组织协同中的作用，探究跨组织 BIM 与组织间相互影响的关系，从而保障建筑信息在建设项目不同参与主体之间得到有效的传播和利用。

2.2　BIM 与建设项目的跨组织协同

2.2.1　BIM 的跨组织性

针对以上 BIM 发展中面临的困境，BIM 的"跨组织性"对 BIM 在建筑业内的应用进行了较为合理的解释。哈蒂（Harty，2008）通过对伦敦西斯罗机场（LHR）T5 航站楼 BIM 应用的分析表明，与 2D CAD 技术项目相比较，

BIM 技术具有明显的跨组织性特征，该类技术的应用在明显改变单个组织活动方式的同时，也会对项目其他参与方之间的沟通方式、权责关系以及整个行业的市场结构带来巨大变革，且该类技术的成功应用往往需要企业内部各部门、项目内部各个参与方乃至全行业各类从业人员的共同努力。麦格劳－希尔（McGraw-Hill，2009）在 BIM 调查报告中指出，僵化的建设项目生产流程和建设项目跨组织间缺少必要的组织激励措施已成为 BIM 应用过程中的主要障碍之一。泰勒和莱维特（Taylor & Levitt，2009）认为建设项目组织环境下这类跨组织性技术的应用问题需要着力解决好技术与组织的匹配问题(2004)。哈蒂（Harty，2008）也指出，建筑项目环境下 BIM 的这类跨组织性技术的有效应用首先需要清晰理解组织与技术之间的互动关系，并运用相关方法来促进这一互动关系。但是在组织间的协同中，"最优的相互调整"往往需要采用新技术来保证合作成功（Taylor，2007）。

此外，纵观几乎所有的产业的特点，技术和业务流程可以理解为存在于一种共生的关系，通过它们共同发展，影响彼此。在过去的十年中，通过组件化和面向服务的技术供应商正越来越多地成为"随需应变的业务"，试图实现面向建设项目产业链所有环节的资源整合，使解决方案在跨组织流程中进一步模块化，适应性变得更加灵活，更能够围绕现有的业务流程进行调整。在 AEC/FM 行业，要想实现长远的发展目标（例如 IPD），必须进行 BIM 技术和业务流程的转变，靠单一企业的力量已经很难适应 BIM 的发展要求。

2.2.2 跨组织 BIM 与协同环境

跨组织 BIM（interorganizational BIM，I－BIM）就是指利用跨组织边界的建设项目相关技术与工具，实现 BIM 在不同组织间模型信息传递，包括跨学科范围的协调（例如结构和建筑专业模型或建筑系统模型）以及需要一体化整合的建设项目信息交换（如钢结构设计与制造）等内容（Homayouni et al.，2010）。

在建筑行业和学术界针对有关 BIM 的研究中，跨组织边界的协同成为一个重要的研究热点和内容，有许多的学者和组织从多个角度进行了研究（AIA，2007；Taylor，2007；Eastman et al.，2009）。他们认为，促进工程协同的方法通常涉及风险共担、新技术和市场的获取通道、外包和联营互补技能等，然而，每当新技术被引入组织内的时候，无论管理者采用何种方式进行设置，组织人员常常会抗拒改变。另外，在 AEC 行业内，文化和组织的边界往往会扼杀新型的组织协同工作，即使有合同契约与协议，通过共同来解决问题以促进团队的协同环境是必要的。因此，上述 BIM 在应用过程中所受到的组织内外制约或障碍等各种因素构成了跨组织 BIM 应用的协同环境，BIM 与建设项目跨组织协同环境之间的关系应是相互作用、相互促进的。

自 2003 年以来，BIM 的使用被认为是为 AEC 行业的合作提供了实质性的改进。在过去的十几年中，BIM 的采用得到显著性增长，但在不同组织和学科之间的共享模型一直没有取得实质性进展，传统的 CAD 模型中所表达的 AEC 行业合同文件没有得到根本性的改变，协同项目环境的建设任务仍然非常艰巨。苏卡尔（Succar，2009）将协同项目环境中 BIM 活动分为过程、政策和技术相交的维恩图（如图 2.3 所示），认为在不同的领域中 BIM 活动相对独立，领域之间交互性不足，即使在各个领域内部，由于不同参与主体 BIM 应用的角度和范围的不同，利益诉求点存在较大的分歧，协同意识淡漠。在大多数情况下，BIM 模型文件共享仍然被限制传统的 2D 文档，而虽然 BIM 软件在未来将继续增长和持续使用，但所面临的很多挑战，其中就包括大多数业主或客户缺乏相应 BIM 有关的知识和经验。

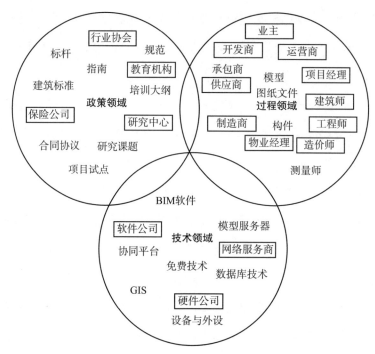

图 2.3　协同项目环境中 BIM 行为的交互

2.2.3　跨组织 BIM 与组织间关系的相互影响

技术在建构组织的同时，组织也在某种程度上对技术产生建构作用，技术与组织之间是一种相互构建关系（邱泽奇，2017）。泰勒（Taylor，2007）调查分析了 13 家设计企业及 13 家施工企业 BIM 技术的应用问题，结果表明，BIM 这一跨组织性技术会对原有的设计—施工组织模式造成较大影响，BIM 成功的采纳和实施需要妥善处理好项目组织中相关界面的技术、任务分工及组织构架等问题。因此，在建设项目中，BIM 作为信息技术的典型代表，具有与组织互动的显著特征，双方相互促进，共同演化与发展。

1. 组织间关系对跨组织 BIM 的影响。

所谓组织间关系，是指一些相关的组织之间由于长期的相互联系和相互作用而形成的一种相对比较稳定的合作结构形态（黄江疆和郑垂勇，2009）。组织行为受到社会关系的约束，同时其行为也会反作用于社会关系，进而影响组织间关系的结构与属性。经研究发现，权力、信任和共享的社会规范等三个维度在组织间关系的跨组织 BIM 中发挥重要作用。

（1）权力对跨组织 BIM 应用的影响。在工程项目的跨组织 BIM 应用中，参与方之间权力影响的大小取决于彼此的依赖程度。权力对于跨组织 BIM 的应用具有正向影响，具有权力的一方（例如业主方）可以强迫其他参与方使用。然而，一旦跨组织 BIM 初步采纳以后，对其进一步的拓展性应用或主动使用，则有赖于项目参与方之间的信任。

（2）信任对于跨组织 BIM 应用的影响。跨组织 BIM 的建设意味着组织之间会建立更紧密的联系，承担更多的合作与协调。项目参与方之间的信任可以降低协商成本及减少冲突的发生，组织之间的权力与信任并不是替代关系，而是互补的辩证关系（邱泽奇，2017）。

（3）共享的社会规范对跨组织 BIM 应用的影响。项目参与方之间共享的社会规范和惯例就约定俗成地规定了参与各方交易与协调的方式。在现有的工程项目管理模式下，项目组织所面临的制度环境带来模仿、强制和规范等三种制度压力（Teo，2001），三种压力都对跨组织 BIM 的采纳意向有着显著影响，组织之间已有关系的属性（如交互的习惯等）会促进合作伙伴之间信息流的电子化集成。

2. 跨组织 BIM 对于组织间关系的影响。

通过以上的分析可知，跨组织 BIM 对于组织间关系的影响可以分为运营和战略两个层次，在研究的视角上也可以划分为两类观点，即技术—经济观点和社会—政治观点。如表2.2所示。

表 2.2 信息技术对于组织间关系的影响

层次	技术—经济观点	社会—政治观点
运营	• 降低组织间协调成本，使企业间关系更加密切 • 改善生产效率 • 组织间关系的改变视从事交易的产品及服务种类而确定	• 技术本身对于关系的维持并没有直接作用 • 信息技术对传统关系具互补作用 • 信息技术的作用取决于嵌入社会关系的程度
战略	• 增加转换成本，获取相对优势 • 通过业务网络再设计获得战略收益 • 促进整体网络成功，建立长期关系 • 跨组织信息系统与社会网络是两种主要影响结构来源	• 在纯粹交互基础上的信息技术或系统会导致不信任、矛盾心理和合作伙伴的公开抵制 • BIM 价值产生需要互补性能力的配合

对比表2.2的研究视角可以发现，从技术—经济角度来看，跨组织 BIM 有助于提升建设项目组织的战略优势，对改善组织关系、节约成本和提升效率等方面发挥明显作用；从社会—政治角度来看，跨组织 BIM 必须依托于具体项目的实践应用中才能发挥作用，单纯依赖 BIM 来改变组织间的关系非常困难。

2.3 BIM 成熟度与跨组织信息交流模型

从以上的分析可知，BIM 对改善和提升建设项目的跨组织协同管理具有重要作用。从 BIM 的应用与发展水平来讲，在 BIM 技术的不同发展阶段和时期，建设项目参与方对 BIM 的知识与理解也是动态变化的，势必影响参与方的网络结构与激励模式，跨组织 BIM 应用不同要素的重要程度也随之变化。在项目管理角度上，通常用"成熟度"来衡量此种变化。BIM 成熟度与项目信息交流模型对于研究建设项目协同管理动态演化与关键要素的影响具有重要的意义，成为研究参与方的网络结构下 BIM 知识扩散和技术协同的必要条件。

2.3.1 BIM 的成熟度研究现状

1. 成熟度定义。

成熟是指管理的能力到达某种规定要求的状态，这种状态能够保证顺利地实现组织目标，是反映成熟的一种度量，表示着在发展过程中不断充实和改善供应链战略成功实施的能力（刘明菲，2006）。成熟度模型（maturity model）是为描述如何提高或获得某些期待物（如能力）而定义的一种过程框架，因此成熟度模型是一整套的科学体系和方法，是表征一个组织项目管理能力从低级向高级发展、项目实施的成功率不断得到提高的过程（五百井俊宏和李忠富，2004）。

2. BIM 成熟度模型。

BIM 作为一种框架和管理技术，其成熟度是描述一个工程在 BIM 应用过程中由简单、初级和不成熟的状态到流程化、制度化、集成化和成熟的状态所经历的阶段。从目前的研究成果来看，主要有以下三种 BIM 成熟度模型。

（1）BIM CMM。美国建筑师协会（AIA，2008）在 NBIMS 中用能力成熟度模型（CMM）来度量 BIM 在项目应用的成熟度水平，提供了一套以项目生命周期信息交换和使用为核心的可以量化的 BIM 评价体系，称为 BIM 能力成熟度模型（BIM capability maturity model，BIM CMM）。BIM CMM 选择了 11

个指标要素进行详细描述，指标集中于数据丰富度、信息交换、图形信息、空间能力等，然后对每个指标制定不同的等级，将横轴作为 BIM 方法和过程进行量化评价的要素，纵轴把每个要素划分成 10 级不同的成熟度。

（2）Succar BIM 成熟度模型。苏卡尔（Succar，2009，2015）认为 BIM 的成熟度由包含组织、项目和行业在内的利益相关者逐步和持续应用的一系列阶段组成，每个阶段再进一步细分为步骤，阶段和步骤区别在于，随着步骤的增加，阶段将发生变革或激进性的变化。他们认为 BIM 的成熟度包括 TPP（技术、过程和政策）三个部分，提出了识别 BIM 应用的 3 个成熟度阶段和五个成熟度级别，如图 2.4 与表 2.3 所示。

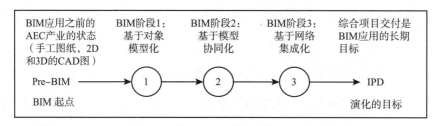

图 2.4　BIM 成熟度发展与核心特征

表 2.3　　　　　　　　　　　　BIM 成熟度阶段模型

Pre—BIM	BIM 阶段 1	BIM 阶段 2	BIM 阶段 3
项目各实体、各单位之间信息未能得到共享，项目各阶段任务之间信息存在断层	设计单位内部实现了信息共享，设计阶段的信息可在施工阶段被获取，施工阶段的信息可在运营阶段被获取	业主、设计单位、总承包方等一级实体之间信息得到共享，项目部分阶段之间信息得到有效流通，部分消除信息断层	信息在项目全部实体之间实现共享，信息在项目各个阶段之间实现有效流通，消除信息断层

（3）BIS BIM 成熟度模型。随着 BIM 的不断发展，不同企业采取 BIM 系统和技术的速度及发展水平参差不齐，而且 BIM 的应用过程是一个通过管理实现的、随着内部组织与外部供求界面变化的过程。基于以上认识，英国商业创新和技能部（BIS，2011）提出的成熟度模型（如图 2.5 所示）。BIS 将 BIM 应用水平定义位从 0 ~ 3 的水平。

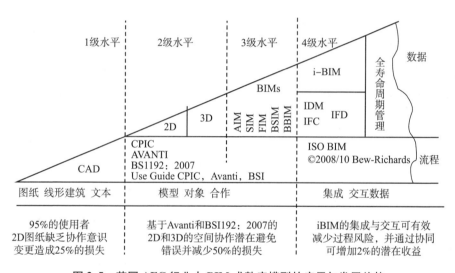

图 2.5　英国 AEC 行业中 BIM 成熟度模型的应用与发展趋势

2.3.2　BIM 成熟度与建设项目跨组织信息交流模型

1. 建设项目生命周期的阶段与任务划分。

面对 BIM 给建筑业带来的诸多挑战，需要建筑、设计、施工和运营（AECO）等利益相关者的共同努力，BIM 的应用涉及政策、流程和技术等三个相关领域（Succar，2009），据此可以确定 BIM 应用的多个阶段，建立相应的 BIM 成熟度水平阶段。BIM 数据流和项目生命周期是衡量 BIM 成熟度的关键内容，针对建设项目整个生命周期可以划分为不同阶段及其相应工作任务（如表 2.4 所示），建设项目阶段、子阶段，活动、子活动和任务模型定义和说明如图 2.6 所示。

表 2.4   建设项目生命周期阶段和子阶段

设计阶段	生产与施工阶段	运营阶段
D1 概念化、规划和成本计划	C1 建设计划、加工与施工图	O1 使用和运营
D2 标准化设计	C2 部品生产与运输	O2 资产管理及设施保养
D3 设计模块化的协调和规范	C3 装配施工、装饰装修	O3 建筑物报废与重新规划

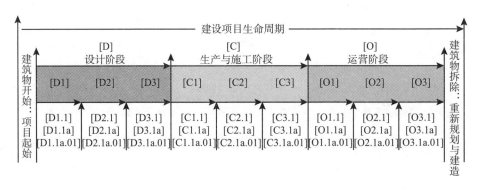

图 2.6   建设项目阶段、子阶段，活动、子活动和任务模型

2. 不同 BIM 成熟度的建设项目实体信息交流模型。

依据建设项目不同生命周期阶段的活动与任务和跨组织实体间的信息流（项目参与主体间的信息共享与交流情况），本研究参考有关学者的研究成果（Succar，2015；张德群和关柯，2000；金颖妍，2012），同样将 BIM 成熟度分为 Pre-BIM 阶段、BIM 阶段 1、BIM 阶段 2 和 BIM 阶段 3 等四

个层次，建立了不同 BIM 成熟度下跨组织信息交流模型（如图 2.7 ~
图 2.10 所示），进一步考察在不同 BIM 成熟度的特征，结合社会网络分析
理论（SNA），分析建设项目参与主体间的组织关系的变化过程，描述建设
项目实体间的信息交流与共享的演化过程，为以后章节的进一步分析奠定
相应的理论基础。

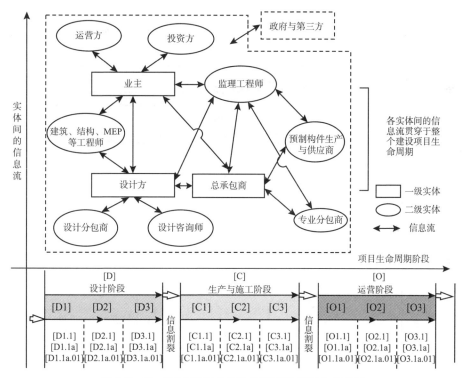

图 2.7　Pre-BIM 阶段的建设项目实体信息交流模型

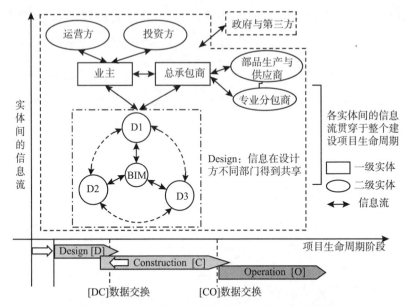

图 2.8　BIM 阶段 1 的建设项目实体信息交流模型

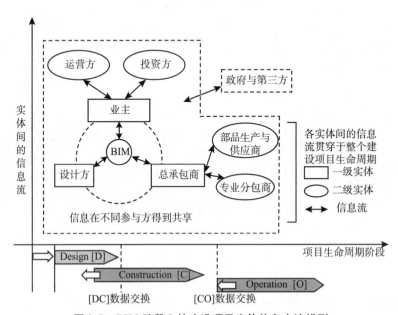

图 2.9　BIM 阶段 2 的建设项目实体信息交流模型

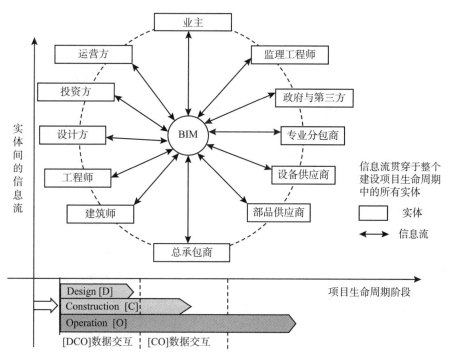

图 2.10　BIM 阶段 3 的建设工程项目实体信息交流模型

由图 2.7 ~ 图 2.10 可知，建设项目的参与主体（实体）在不同 BIM 成熟度阶段可分为一级实体和二级实体，考察信息流在跨组织的不同实体间交流与共享以及不同项目生命周期阶段的数据交换与交互情况，具体如下：

在 Pre-BIM 的成熟度阶段，如图 2.7 所示，建设项目应用 BIM 的能力相对低下，大量采用的传统的建设模式，CAD 软件得到广泛应用，在软件开发商的大力市场推广下，出现了少量的早期的 BIM 采纳者。一级实体包括业主、设计方、施工总承包方等"铁三角"参与方，政府与第三方负责监督建设项目参与主体的相关任务与行为；二级实体分别与对应的一级实体相连接，进行信息的交流与共享，实体间的信息流相对单一而清晰。实体间在不同的建设项目生命周期阶段，项目信息进行"抛过墙"式传递，信息割裂，形成

"信息孤岛"，建设项目的生产效率低下。

在 BIM1 的成熟度阶段，如图 2.8 所示，BIM 在设计方得到了有效的应用，信息率先在设计方的不同部门得到了共享，实现 BIM 协同设计，但其他参与主体仍采用传统的软件应用方式。在不同的建设项目生命周期阶段，项目的数据在一定程度上实现了数据交换，但在这数据交换和过程中，由于在不同应用软件界面之间 IFC 标准与行业规范的缺失，造成数据交换界面的不兼容，导致部分项目数据的丢失。

在 BIM2 阶段，如图 2.9 所示，BIM 的应用能力进一步增强，由设计方扩散至"铁三角"的相应方，BIM 模型在施工阶段得到广泛应用，信息开始在不同的参与实体之间得到一定程度的共享。由于设计与生产施工阶段 BIM 应用和模型的共享，数据在设计与预制构件生产阶段间实现交互，不同 BIM 软件间的互操作性增强。但在施工与运营阶段，使用方参与性较小，仍存在一定信息交流障碍，无法实现数据的交互。

在 BIM3 阶段，如图 2.10 所示，各实体实现了对 BIM 模型的共享，信息流贯穿于整个建设项目生命周期中的所有实体，BIM 的应用达到了理想状态。可以预见，为有效提升建设项目绩效，建设项目各参与方必须改变传统"抛过墙"式的松散型协作方式，以更加密切及集成化的合作方式致力于 BIM 等各种跨组织性创新的应用，并以此实现各方流程、组织及信息的进一步集成。

第 3 章
基于 BIM 的建设项目协同管理因素分析

随着建筑业参与主体合作模式的不断深入，基于 BIM 的建设项目协同模式已成为行业未来的发展方向，相关研究成果也呈现出多学科交叉性和研究内容相对聚焦的特点。协同影响因素的研究作为工程项目协同研究的核心内容之一，国内外学者进行了不少研究，但这些研究结论都是侧重于影响协同绩效的某一个或某几个方面的因素，缺乏系统性，而基于信息技术的协同影响因素的研究却相对偏少，仍处于探索阶段。本章通过梳理协同成功要素和BIM 协同障碍因素，采用问卷调查法对建设项目的协同因素进行实证研究，提取出协同管理的公因子，并对因子影响性进行分析。研究结论既是对前面所提出问题进行的深入分析和科学论证，也是对后续章节研究问题的界定，起到承上启下的作用。

3.1　BIM 情境下建设项目的协同因素识别

本研究经过对相关研究成果的比较和总结，结合建设项目的特点，认为基于 BIM 的建设项目协同成功要素具体可以概括为组织关系层面、环境视角、以 BIM 为代表的信息技术、建设项目的协同因素。本研究将依据上述四个维度的协同成功要素，对相关文献进行评述，作为后续分析提炼建设项目协同关键因素的理论基础。本研究将影响建设项目协同关键因素定义为：在 BIM 情境下，对建设项目协同的绩效和项目成功有重要影响的变量（因素）。

3.1.1　组织关系的协同因素识别

组织间关系的研究一直是众多学者关注的重点，许多研究（Strough et al.，2000；Fisher，2004；Gilbert，2003；Lindzey et al.，2007；Liu，2009）认为，组织关系是影响项目协同的主要影响方面，组织间的合作与信任、有效的沟通、组织间适应性、彼此承诺和合作等构成主要的协同因素，另外还认为因素之间存在相互作用，例如信任是实现合作的结果，不是一种手段。美国田纳西大学的研究团队在 2000 年中期对来自工商界的 20 名专业人士进行了访谈，最后的结论是影响项目协同的关键因素主要不是技术因素，而是组织行为因素，如共同兴趣和清晰的期望、公开和信任、选择协同对象、领导力量、合作代替处罚及利益共享等。杜威（Dewey，2002）提出一些促使 Parterning 关系成功的变量主要包括：信任、社会性契约、替代性程度、共同目标、权力与依赖、技术水平、适应性结构契约、合作以及承诺等。鲍尔索克斯（Bowersox，2007）认为成功实施关系的关键在于选择恰当的合作参与方，合作方应该具有一致的文化、相同的战略高度和相互支持的运作理念。李东进等（Lee et al.，2001）发现决策不确定性、伙伴的机会主义行为和交往双方的近似程度是影响协同关系的三个要素。

国内的学者张进发（2009）认为对于社会性关系影响因素，可以分为组织间依赖关系、组织间信任和组织间关系承诺等。陈勇（2011）从系统动力学角度，把协同因素按照合作的状态、合作的动力以及合作的约束条件（环境和物质基础）分为 3 个大类。李随成等（2007）用关系强度和持久性（包括契约强度、合作时间）、合作倾向性（合作信任度、合作多样性和信息沟通程度）、合作柔性和稳定性（协调性、适应性）等三个方面衡量供应链合作关系水平。林筠等（2011）在研究组织关系对协同绩效的影响时，用到了承诺、信息共享、依赖、沟通和信任等 5 个指标，并以合作水平作为中介变量。

从上述研究中可以看出，组织关系的协同因素涉及内容较多，根据协同组织关系的特征，本研究对相关因素进行了罗列（见表 3.1），并就主要观点进行了总结阐述，可以看出，在建设项目参与方的协同因素中，大多是通过围绕增强组织间参与主体之间的合作关系而建立的指标来衡量评价协同的绩效，其中主要包括合作关系中的共同组织目标、信任与承诺、沟通协作、组织文化及等因素，这些指标构成了建设项目协同管理中合作关系影响因素。

表 3.1　　　　　　　　　建设项目组织层面的协同主要影响因素

序号	因素	主要观点	主要文献
1	许诺	● 反映的是组织或个人发挥自身能力的意愿 ● 许诺包括意思表达及其实现，即使出现不可预料的困难，合作者仍能在一起实现目标	Fisher, 2004; Gilbert, 2003; 张进发, 2009; 林筠, 2011
2	协作	● 协作是每个合作方在完成任务时对其他合作方的期望 ● 高度的协作性在不确定的环境中仍能够获得稳定的成效 ● 失败的协作会失去相互间的信任而增加对抗性	Dewey, 2002; Lindzey et al., 2007 李随成, 2007

续表

序号	因素	主要观点	主要文献
3	沟通	• 合作方拥有各自价值是对抗性关系以及冲突的根本原因 • 有效的沟通可以帮助组织交换观点和看法，减少误解 • 有效沟通包括有效的沟通渠道，共同制定计划很重要	Bowersox，2007； Liu，2009； 李随成，2007
4	冲突	• 合作方之间存在不一致的目标与期望时，冲突在所难免 • 冲突的解决方法可能是建设性的也可能是破坏性的，取决于合作方解决冲突的方式 • 合作方都在寻找彼此满意的冲突解决方式 • 合作方高度的参与性可以帮助他们达成共识	Fisher，2004； Wong，2001
5	共同目标	• 目标的一致性使各个组织结合在一起，建立共同的方向、价值观以及相应的行为 • 目标的清晰对合作的成功至关重要，合作方要努力减少不清晰或难以实现的目标 • 合作参与者应当确立同步目标，按期检查目标是否实现	Dewey，2002； Nguyen，et al.，2004； 张进发，2009
6	充足资源	• 主要资源是知识、技术、信息、特殊技能的专家以及资金 • 建设项目参与者互补可以增强合作的竞争力和建设能力，应当强调相互间的交互作用	Dewey，2002； Lindzey et al.，2007； 陈勇，2009
7	相互信任	• 信任可以被定义为在交换关系中对对方完成其应尽职责的相信程度 • 相互的信任是构建关系的边界 • 信息交换增进问题的协商解决，带来更好的收益	Strough et al.，2000； Fisher，2004； 林筠，2011

组织关系层面因素被认为是协同管理的主要影响因素，从以上的总结中可以看出：（1）信任是项目协同关系中引用最多的一个词，被定义为合作企业相信对方会采取对自己有利的行为，而不是做出出乎意料的对自己不利的举动，可以将信任分为合同信任、竞争力信任和善良信任等3个维度。（2）沟通

可以认为是工程项目组织间以正式或非正式的方式分享有意义的、及时的信息。在协同关系中，沟通质量、信息分享的形式及范围、企业间计划和目标制定的参与程度等是起主要作用的沟通行为三个方面。（3）目标具有相互依赖性，表示某个合作方需要通过保持交易关系来达成自己期望的商业目标，相互依赖一般是多种因素的作用结果，如双方业务比例及利润依赖性、一方对另一方市场战略的承诺程度、关系解除的难度及成本等。（4）组织合作关系中一般使用关系承诺的概念，工程项目中关系承诺主要表现为参与方相信彼此合作关系，愿意付出全部努力去维持和发展这个关系。

3.1.2 环境的协同因素识别

协同工作的开展必须置身于项目的实施与运行环境中。实现建设项目组织协同管理的环境影响因素，既有外部环境因素的影响，也有内部环境的因素。对于协同管理的外部环境影响方面，陈恩泽等（Chen et al.，2003）认为社会文化、政府创新政策、知识产权开发和利用体系、创新人才与成长等因素是协同外部环境的主要组成部分；郭永辉（2012）提出外部环境因素包括政治环境、经济环境、法律环境和政策环境；凌鸿等（2006）研究发现全球化、竞争和管理的复杂性等构成外部环境。

更多学者对环境因素的研究放在组织内部环境影响因素上，认为在外部环境相对稳定的情况下，内部环境对协同管理绩效产生的效果最大。帕特尔（Patel et al.，2012）对影响协同工作的因素做了细致的调查研究，认为影响协同工作的环境因素应该是一个较宽泛的概念，主要分为背景、支持、交互过程、团队与个体等主要因素（如表 3.2 所示）。巴拉等（Barrat et al.，2004）认为文化（特征）要素是首要的影响因素，包括双赢（互利）、信息共享与开放式沟通等，从而将企业引向协同文化。桑德斯（Sanders，2007）认为缺乏合作文化的企业，任何策略或行为只会从自身利益考虑为出发点，而忽略了供应链整体共同发展带来的价值，故在真正的协同产生前，必须进行组织文化上的变革。还有学者（Drago，2010；Che & Yoo，2001；侯光明和李存金，2002）的研究成果表明，要获得真正意义的协同，必须改变评价与激励机制，多元主体之间的互动需要多重激励，既需要利益因素的物质激励，也需要社会资本的隐性激励，激励机制的设计要准确划分激励客体的贡献边界，要着眼于激励协作行为。此外，组织环境风险是影响协同效果的重要因素，具体包括目标冲突风险、契约风险、信息风险、信任风险和文化差异风险等。古塞瓦（Guseva，2001）等认为合作伙伴的风险偏好对信任的强度产生影响；章海峰（2004）阐释了因合作过程中信息共享与牛鞭效应的反向变动关系而带来的参与方合作风险。

表 3.2　　　　　　　　　协同工作的环境影响因素（主要和次级因素）

主要因素	次要因素
背景	文化　商业氛围　组织结构
支持	工具　网络　资源培训　团队组建　知识管理　差错管理
任务	类型　结构　需求
交互过程	学习　协调　沟通　决策
团队	角色　关系　认识与知识共享　共同点　团体过程　构成　激励
个体	技能　心理因素　健康

埃尔多安等（Erdogan et al.，2008）调查研究了 BIM 情境下的组织环境方面影响协同的影响因素（如图 3.1 所示），认为除去纯粹组织环境层面和纯粹项目环境层面的影响因素外，更多的影响因素属于二者的交集，而大量

的协同影响因素是跨组织性的，体现更多的是组织的相互关系。

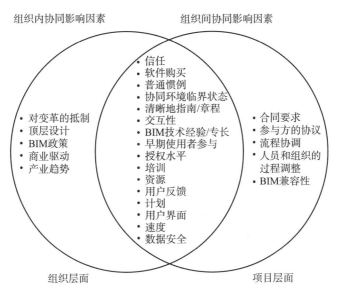

图 3.1 BIM 情境下组织和项目组织水平影响协同的成功因素

综上所述，由于协同组织的跨组织性，环境因素主要集中在市场竞争、管理复杂性、合作意愿、预期满意度、管理支持、风险与公平、评价激励、文化及学习能力等几个方面，相关主要观点如表 3.3 所示。从表中可以看出，外部的环境主要体现了项目组织协同的适应性，与内部环境构成一个动态复杂系统。在该环境系统中，组织及组织间的合作意愿与预期满意是协同的基本动机驱动，在组织合作文化的氛围下，管理层（特别是高级管理层）支持力度及员工学习型组织的建设能力成为协同的重要保障。为保证合作过程的控制，建立恰当公平的风险与利益分配机制，完善基于委托代理基本理论的激励约束机制，是组织协同管理顺利实施的必要条件。

表 3.3　　　　　　　　　　建设项目环境层面的协同主要影响因素

序号	因素	主要观点	主要文献
1	市场竞争	• 竞争与合作是项目成功的统一体 • 市场竞争的开放性促进合作行为的产生	Chen，2003； Drago，2010； 凌鸿等，2006
2	管理复杂性	• 合作企业越来越分散在世界各地，形成分布式供应网络格局，造成供应链管理日趋复杂	Patel，2012； 凌鸿等，2006
3	合作意愿	• 意愿是参与信息共享的动机，它是一种驱动因素 • 体现出主体进行信息协同的主动性	Patel，2012； Barrat，2004
4	预期满意度	• 合作方的期望得到满足时，合作就是成功的 • 这种期望与合作绩效的影响因素相关	Chen，2003
5	管理支持	• 高层管理者决定着企业战略的发展方向 • 相关合作者相互的一致性很关键，每个企业的目标应当与其他参与者是协调一致	Drago，2010； Patel et al.，2012； Erdogan et al.，2008
6	文化	• 多组织参与的合作，存在组织间文化差异的现实 • 企业已经形成的文化往往难以改变，具有抵抗性 • 需要一定的商业压力来使组织愿意适当的改变态度，减少文化差异带来的合作问题	Patel et al.，2012； Barrat，2004； Erdogan et al.，2008
7	学习能力	• 互动学习是一种集体行为 • 共同的利益的共同学习是干中学的表现 • 学习促进信息技术等知识的传播	Chen，2003； Erdogan et al.，2008
8	风险与公平	• 风险与利益的对等以及风险的公平分担 • 维护相互信任及满意合作关系，合作方努力将自身风险转移向其他合作方，两种行为结果是矛盾的	Sanders，2007； 章海峰，2004； 许志端，2003
9	评价激励	• 将协同目标与"过程"和"战略"指标联系起来，以过程指标取代结果指标 • 契约与合同是协同成功的保证 • 激励应关注长期性	JHintlian，1989； Che & Yoo，2001； 侯光明等，2002

3.1.3　信息技术的协同因素识别

1. 信息技术对建设项目协同因素影响。

泰勒（Taylor，2007）将信息技术定义为系统性创新，是参与方协同的使能器。依赖于先进的信息技术以及网络平台，参与方之间可以及时地进行交流和信息共享，实现有效的协同管理。

一方面，从信息技术促进组织协同的角度来讲，协同效应受到信息技术软硬件能力水平及网络协同平台的制约。王平（Wang，2010）指出跨组织信息技术应满足必要的软硬件要求，技术的应用受到参与方个体动机和来自参与方要求的外部动机等因素的驱动。苏卡尔（Succar，2009）分析了 BIM 对建设项目组织协同技术关键影响因素，认为 BIM 必须在软件、硬件和网络等技术方面满足必备条件。此外，技术协同平台是促进协同管理强有力的支持，网络技术的发展使得跨企业的协同工作平台成为可能。随着 BIM、VR、PIP、GIS 在建设工程领域的不断发展，如何通过集成网络协同平台实现建设项目全寿命周期的信息共享，成为提升协同管理绩效的有效途径。其中，在基于 BIM 的协同平台建设构想方面，法拉杰（Faraj，2000）、哈尔法威和艾哈迈迪（Halfawy & Mahmoud，2007）、张建平（2008）、李犁（2012）等学者从不同的角度对协同平台的建设进行了有效的论述，并在实践中对协同平台的应用进行了验证。

另一方面，从信息技术的知识创新扩散角度来讲，信息技术只有实现必要的知识扩散，才能够真正体现信息技术的价值和协同管理的意义。信息技术的知识扩散受到知识势能、距离、尺度、知识传播通道的综合影响（曾刚和林兰，2007，2008）。杜莱米（Dulaimi，2003）、张诚（2010）等认为要想发挥信息技术的协同支持性作用，必须正确认识技术创新特性及创新企业行为、采用者认知和偏好、网络结构、知识溢出以及宏观环境等方面的内容。曹冬平和王广斌（2010）构建了建筑业信息技术应用影响因素的 TIEPI 分析框架，针对行业环境、技术、企业、项目及个人层面等因素对建筑业信息技术扩散应用进行了系统分析。

因此，信息技术成为建设项目协同管理的重要组成部分，为组织间顺利实现协同管理提供了技术支持。信息技术方面的因素主要涉及软硬件、协同平台和知识扩散，如表 3.4 所示。其中，随着软硬件和网络技术的不断发展和完善，可以承载更多的信息，具有处理复杂数据的能力；技术平台为解决同一管理问题的不同软件提供了交互的基础平台，保障信息共享和及时决策能力；知识扩散促使组织间的合作应用变为可能，并逐步演变为市场竞争优势，直接决定了创新技术的应用能力。

表 3.4　　　　　　建设项目信息技术层面的协同主要影响因素

序号	因素	主要观点	主要文献
1	软硬件	● 软件的普及得益于服务商的不懈努力 ● 开放的市场环境是软硬件发展的基本条件，有助于解决软件的互操作性，成本随之降低，并深入人心	Wang, 2010； Ling, 2007； Succar, 2009
2	技术协同	● IFC 标准成为技术的协同必要条件 ● 技术协同需要变革的不仅仅是技术，更多的是管理思想 ● 技术协同的根本目的在于实现信息共享和有效管理	Faraj, 2000； Halfawy & Mahmoud, 2007； 张建平, 2008； 李犁, 2012
3	知识扩散	● 知识扩散具有多样性、非线性、路径依赖性和无法预测性等特点 ● 创新扩散过程具有渐进性 ● 政府会通过制定相关政策激励或者阻碍某些领域的知识创新和扩散，决定知识扩散的广度 ● 组织的领导支持力和执行路径决定了知识扩散的深度	Dulaimi, 2003； 曾刚和林兰, 2006； 张诚, 2012

2. BIM 应用协同影响因素。

为了识别基于 BIM 的协同主要影响因素，本研究用文献分析法对基于 BIM 的协同主要障碍进行了分析。文献中的 BIM 应用影响因素分析较多，显得有些杂乱，并且没有系统的整理，部分障碍没有进行清晰的阐述。为此，本章节通过文献的总结和访谈的形式对 BIM 应用的障碍进行分析，将上述障碍因素分为组织因素、合同因素、过程因素、技术因素和环境因素等五个分类，如表 3.5 所示。其中，组织因素涉及项目参与方的有关内容，主要有参与方的抵触、基于 BIM 参与方的管理水平低、参与方建模分散导致模型应用降低、组织内与组织间的不合作、高层领导不支持等五个方面；合同因素主要涉及 BIM 理念与现有的传统合同的背离，具体有传统的合同关系割裂、合同中对 BIM 应用的责任和权限的不明晰、BIM 价值难以量化、合同中缺少模型的精度要求、缺乏针对 BIM 应用的标准合同语言等五个方面；过程因素指的是 BIM 在具体应用过程与现有流程矛盾所面临的问题，包括传统的串行的业务流程、缺少 BIM 的早期应用限制 BIM 的应用效果、BIM 应用缺乏激励措施、模型会被滥用的风险、组织沟通协调困难等五个方面；技术因素主要指 BIM 技术在扩散过程中所面临的制约，包括缺少分析模型的工具、缺少数据标准使软件之间信息交换、软件对复杂模型的操作处理困难及缺少、应用 BIM 的培训等四个方面；最后是环境因素，包含现有法律原因、缺少基于 BIM 的行业规范、全过程的信息结构规划的欠缺、行业规程及法律责任界限不明等四个方面。

表 3.5

传统项目交易模式下 BIM 应用与项目协同的障碍因素

序号	障碍因素	因素分类	Autodesk, 2002	Autodesk, 2004	Howel, 2005	AGC, 2006	AIA, 2006	CIFE, 2007	Eastman, 2005	Gao, 2008	Mcgraw-Hill, 2008	Fischer, 2009	Sebastian, 2010
1	项目参与方抵触	组织		√									
2	基于 BIM 参与方的管理水平低	组织					√		√				
3	设计方案不考虑施工能力，模型应用降低	组织											√
4	组织内与组织间的不合作	组织					√						
5	高层领导不支持	组织				√					√		
6	传统的合同关系割裂	合同	√	√	√				√	√			
7	合同中对 BIM 应用的责任和权限的不明晰	合同	√	√	√			√		√			
8	BIM 价值难以量化	合同			√		√	√			√		
9	合同中缺少模型的精度要求	合同						√					
10	缺乏针对 BIM 应用的标准合同语言	合同					√	√					
11	传统的串行的业务流程	过程	√										√

续表

序号	障碍因素	因素分类	Autodesk, 2002	Autodesk, 2004	Howel, 2005	AGC, 2006	AIA, 2006	CIFE, 2007	Eastman, 2005	Gao, 2008	Mcgraw-Hill, 2008	Fischer, 2009	Sebastian, 2010
12	缺少 BIM 的早期应用限制 BIM 的应用效果	过程							√				√
13	BIM 应用缺乏激励措施	过程			√		√	√	√				√
14	模型会被滥用的风险	过程		√									
15	组织沟通协调困难	过程	√				√	√					
16	缺少分析模型的工具	技术		√							√	√	
17	缺少数据标准使软件之间信息交换	技术		√	√			√			√		
18	软件对复杂模型的操作处理困难	技术			√	√					√	√	
19	缺少应用 BIM 的培训	技术				√			√		√		
20	法律原因	环境	√					√	√				
21	缺少基于 BIM 的行业规范	环境					√						
22	全过程的信息结构规划的欠缺	环境								√			
23	行业规程及法律责任界限不明	环境											

续表

序号	障碍因素	因素分类	Taylor, 2009	Wong, 2010	Thomson, 2010	Kent, 2010	Guillermo, 2008	O' Connor, 2009	李恒等, 2010	张建新, 2010	Kang, 2011	Watson, 2011
1	项目参与方抵触	组织										
2	基于 BIM 参与方的管理水平低	组织									√	
3	设计方案不考虑施工能力，模型应用降低	组织									√	
4	组织内与组织间的不合作	组织									√	
5	高层领导不支持	组织					√					
6	传统的合同关系割裂	合同		√	√		√		√			√
7	合同中对 BIM 应用的责任和权限的不明晰	合同	√	√			√			√		
8	BIM 价值难以量化	合同	√						√			
9	合同中缺少模型的精度要求	合同				√		√				
10	缺乏针对 BIM 应用的标准合同语言	合同									√	

续表

序号	障碍因素	因素分类	Taylor, 2009	Wong, 2010	Thomson, 2010	Kent, 2010	Guillermo, 2008	O' Connor, 2009	李栢等, 2010	张建新, 2010	Kang, 2011	Watson, 2011
11	传统的串行的业务流程	过程	√									
12	缺少 BIM 的早期应用限制 BIM 的应用效果	过程									√	√
13	BIM 应用缺乏激励措施	过程			√		√		√	√		
14	模型会被滥用的风险	过程									√	
15	组织沟通协调困难	过程							√			
16	缺少分析模型的工具	技术							√			
17	缺少数据标准软件之间信息交换	技术						√				
18	软件对复杂模型的操作处理困难	技术					√	√				
19	缺少应用 BIM 的培训	技术								√	√	
20	法律原因	环境										√

续表

序号	障碍因素	因素分类	Taylor, 2009	Wong, 2010	Thomson, 2010	Kent, 2010	Guillermo, 2008	O' Connor, 2009	李桓等, 2010	张建新, 2010	Kang, 2011	Watson, 2011
21	缺少基于 BIM 的行业规范	环境	√							√		
22	全过程的信息结构规划的欠缺	环境										
23	行业规程及法律责任界限不明	环境				√						

3.2 BIM 情境下建设项目协同管理
因素的实验设计与选取

为了有效地防止对建设项目协同因素在识别过程中出现以偏概全的情况，首先应确定其识别框架，对其进行分类有效识别。本研究所采用的方法是先设定类别框架，对文献进行浏览分析以识别出必要的重要因素，再通过统计分析，将其重新分类，验证自己先前分类的正确性。

3.2.1 基于 BIM 的建设项目协同因素的实验设计

1. BIM 与协同因素之间的相互关系。

基于 BIM 建设项目的协同机制本质在于以 BIM 为代表的信息技术基础上，保证组织间的活动顺利实施以实现项目目标。因此，研究组织间的交易活动与跨组织工作流程协同，是分析影响因素的一个突破口。自主权和组织间的依赖性是每一个组织在处理组织间关系时要不断地权衡的内容，二者通过协同则使自主权与依赖性处于相对均衡的状态。一方面，工程项目的协同结构形成的过程需要不断地进行调整；另一方面，当技术与环境因素的变化使相互依赖性发生改变时，协同机制也要不断地变化、调整，二者脱节将导致系统不稳定。

根据技术结构化理论，我们认为，BIM 技术与组织间的协同因素并不是单向的因果关系，而是相互作用和建构的。BIM 只是触发而不是决定了协同的变迁，这种触发器作用是通过角色关系和社会网络等中介变量实现的

（Taylor，2009）。

2. 建设项目协同管理影响因素选取原则。

由于建设项目协同的影响因素具有多样性，而关键因素分析不可能做到面面俱到，因素的选择必须遵循一定的原则：

（1）全面性原则。协同评价的因素应全方位、多角度地反映协调管理各个方面。

（2）简要性原则。协同影响因素体系要层次分明、简明扼要、相对独立。

（3）可操作性原则。因素的选取要注意数据的可获得性，易于采集和处理的。

（4）动态与发展原则。协同指标选择既要有一定的代表性和前瞻性，又要考虑保持指标体系的动态连续性。

（5）行业特性原则。应当充分考虑建设项目区别建设项目的显著特性。

3.2.2 基于 BIM 的建设项目协同因素的选取

依据以上的分析和结论，正如上文所述，工程项目协同因素主要分为组织关系、环境和信息技术（以 BIM 为代表）三个维度，而建设项目的协同影响因素主要包括组织、技术、经济和环境等四个维度。本研究通过专家评价方法（专家会议法），依靠工程管理行业的多位专家学者的经验、知识对在 BIM 情境下工程项目协同成功要素进行评价了和选择，认为合同关系、BIM 应用责任和权限、BIM 价值、BIM 模型精度、BIM 合同语言等问题可以通过组织的有效管理得以解决，故把基于 BIM 的协同影响因素中的合同因素合并到组织因素中，最后形成的工程项目协同成功要素与 BIM 影响因素矩阵（如表 3.6 所示），概括为 16 个协同因素。

表 3.6　　　　　　　工程项目协同成功要素与 BIM 影响因素矩阵分析

因素分类		协同因素		
		组织关系	环境	信息技术
BIM 影响因素	组织	• 参与主体目标的统一 • 组织文化与价值观 • 基于 BIM 的合同模式 • 建设项目的组织架构	• 参与主体组织管理层的支持力度 • 项目参与主体的信任、承诺	• 建设项目产业链对 BIM 的技术投资
	经济	• 学习能力与教育培训	• 参与主体的绩效管理 • 风险承担与冲突解决	
	技术		• BIM 成熟度 • 部品集成与标准化、数据交换和信息共享	• BIM 软件之间的交互性与兼容性（技术的可操作性）
	环境	• 技术及管理人员 BIM 技能与经验、预制构件一体化及 BIM 技术的抵触	• 业主及其他参与方之间组织沟通与协调	• 基于 BIM 的部品设计与信息协同平台支持

本研究在汇总表中，结合相关参考文献，对每个协同因素进行了有效的定义，显示了每个因素在相关文献主要的结论摘要、重要性以及它们对协同管理工作的影响。需要说明的是，影响因素成为协同促成者或抑制者的关键取决于它们对协同应用和支持的力度。如表 3.7 所示。

表 3.7　　　　　　　基于 BIM 的工程项目管理协同因素

编号	基于 BIM 协同因素	主要观点	文献来源
X_1	具有彼此相容的组织文化和价值观	• 组织或团队文化由员工共享的态度、信念和价值观组成，影响着员工行为和士气 • 文化可以影响沟通渠道的开放性、变革的愿意、人与人之间的社会互动类型、组织信任和组织效能 • 文化可以随着强度（即成员接受文化的程度）、内容（即关注的主题）、普及（即组织所关注行为或价值的影响范围）发生变化	Patel et al. , 2012； Barrat, 2004； Erdogan et al. , 2008 Weiseth et al. , 2006

续表

编号	基于 BIM 协同因素	主要观点	文献来源
X_2	BIM 协同技术的可操作性	• 当面临更多复杂性时，需要共享和修改三维（3D）工程模型、分拆构件模型 • 协作技术的潜在价值受制于它们实施和使用的方式，应该满足适当的任务和功能，直观使用，支持正式和非正式的沟通	Faraj & Sproull, 2000；Patel et al., 2012；马智亮，2010
X_3	组织对 BIM 协同技术的投资	• 投资包括采购 BIM 设施及软件的成本以及人力资源的投入，特别是设计与生产施工单位 • 协同技术的选择往往取决于成本、可用性、技术局限以及与现有组织系统的整合	Sullivan, 2006；何关培，2011
X_4	技术及管理人员对 BIM 知识的适应能力	• 每个个体分别为协同工作提供各自的技能、知识和经验 • 技能水平受到动机等因素影响而减弱，从而协同绩效可能无法反映个人的实际技能水平 • 员工对预制构件、BIM 技术会产生抵制行为	Taylor, 2009；Guillermo, 2008；李恒等, 2010；王广斌, 2012；Fischer et al., 2005
X_5	恰当的绩效管理机制	• 与协同工作相关的绩效包括：保持项目预算和期限、利润、节约时间、达到或提高所需的数量和质量的产品/服务、改善工作流程、改善关系、学习、个人和团队的满意度和幸福、提高信任和承诺、减少失误、高水平的安全 • 建设项目中绩效回报的平衡，考虑个人、团队和组织奖励 • 协同约束有助于良好绩效，分为个人和团队层面（技能与文化的约束）、流程和任务层面（变更工作流程或任务时，灵活性不足）、支持层面（可用资源、财务、人员、材料、空间和技术）和组织层面（现有基础设施、合同和法律约束、业务约束）	Oliver, 1997；Che & Yoo, 2001；侯光明等, 2002；Patel et al., 2012
X_6	实施全面的风险管理体系	• 风险管理应包括对风险的量度、评估和应变策略 • 控制风险的最有效方法就是制定切实可行的应急方案，编制多个备选的方案，要学会规避风险，在既定目标不变的情况下，改变方案的实施路径，从根本上消除特定的风险因素 • 在 BIM 使用中，存在信息失真、安全、模型与标准偏差等技术风险和管理中未知风险	Sanders, 2007；章海峰, 2004；张洋, 2010

编号	基于 BIM 协同因素	主要观点	文献来源
X_7	参与方之间的相互信任与彼此承诺程度	• 在一个组织内，权力的展示方式及雇员如何响应这种权力是信任水平的重要因素 • 当不同的个体、团队或组织负责完成相互依赖的任务时，他们依靠是彼此的信任，每项单独的任务都是分配明确的，保证质量和进度，对团队成员的能力有信心，目标明确 • 在团队、部门、组织内部和相互之间建立信任是具有挑战性的，一般来说，面对面沟通是最好的提高信任的方式，频繁的社会交往和经常性的沟通可提高彼此信任 • 参与方合作的历史与经验有助于提升信任和承诺	Patel, 2012； Strough et al., 2000； Fisher, 2004； 林筠, 2011； 郭永辉, 2012
X_8	参与各方对 BIM 的管理与支持力度	• 来自管理的支持与提高劳动生产率、团队效力、员工满意度息息相关，对协同项目的成功或失败起着很大的作用 • 在整个建设项目产业链中，管理者应该为个人和团队提供明确的方向和指导、对团队行为进行必要的约束，优秀的领导者能够激励他人协同工作，克服组织和流程的弱点 • 在信息技术方面，政府与行业机构的作用不容忽视，政府战略具有较强的必要性	Oliver, 1997； Erdogan et al., 2008； Mcgraw-Hill, 2008； Guillermo, 2008
X_9	数据与模型共享程度	• 数据与模型共享促使团队成员有效的共同工作，必要时可通过同事的角色、职责、专业、技能、局限、偏好、偏见、社会网络等方面来调整自己的活动 • 共享的认识程度（如项目状态、可用资源、同事行踪和行为）影响协调和任务绩效 • 建设项目全过程数据共享的提高依赖于稳定的团队成员	Halfawy & Mahmoud, 2007； Patel et al., 2012； 马智亮, 2010
X_{10}	组织持续学习能力，教育与培训	• 学习型组织期望从事个人和团队能够不断学习，帮助实现个人目标和提高响应变化能力 • 在一个团队中的个人可以互相学习，制定或完善技能，通过任务绩效来提升知识，包括从他们成功和失败经验中的重要学习 • 培训是工作任务完成、协作工具应用和合作行为本身的需要 • 培训为团队成员掌握新技能、提高现有技能或共享心智模型提供了机会，提高了整个组织的有效性	Chen, 2003； Erdogan et al., 2008. Weiseth et al., 2006； Mcgraw-Hill, 2008

续表

编号	基于 BIM 协同因素	主要观点	文献来源
X_{11}	建立信息协同平台	● 技术提供了一些协同机制，人们由于时间和空间的分割，但不得不共同协作时，需要借助协同的媒介 ● 技术（如电子邮件、会议、进度工具和知识管理工具等）通过信息沟通和跨不同的时区、地点、组织机构设置和文化背景的协调，可以保证团队共同的目标	Faraj，2000；Rivard，2000； Halfawy & Mahmoud，2007； 张建平，2008
X_{12}	适应 BIM 要求的项目组织结构与角色	● 组织结构将确定不同的部门、任务、流程、政策、文化和规范、权力关系、信任、学习、参与和激励 ● 一个组织的生产力和效益与同员工分享权力和控制的管理水平息息相关 ● 组织结构和政策受到该组织与其他公司合作关系的影响。应进行组织结构和工作条件设计，以支持和促进协同工作 ● 组织内的团队成员在工作任务中拥有多个角色，角色应具有功能性（在技术能力方面），并基于团队整体目标（团队成员行为交互和团队协作绩效）	Fisher，2004； Gilbert，2003； Liu，2009； Patel et al.，2012； Sullivan，2006； Taylor，2009
X_{13}	BIM 技术的成熟度	● 成熟代表在执行任务或提供 BIM 的服务及产品时的能力程度，BIM 成熟度的基准是绩效进步的里程碑，也是团队和组织向往或努力的方向 ● 其应用的成熟度是描述一个工程在 BIM 应用过程中由简单、初级和不成熟的状态到流程化、制度化、集成化和成熟的状态所经历的阶段 ● BIM 技术的成熟度通常包含应用的深度与广度	Succar，2009； BIS，2011； 张晓菲，2012
X_{14}	组织沟通协调能力	● 协调包括目标设定、整合人员与信息、设置时间进度和规划、跨任务的人力分工 ● 沟通是协同工作的基础，人们实现如何相互理解及知识转移，是解决冲突的主要方式 ● 冲突可以产生更多的创造力、更广泛的讨论和理解问题，增加工作参与性和更好的决策 ● 沟通可以为同步或异步、口头或非口头、正式或非正式，通过各种媒介进行 ● 正确的信息在正确的时间以合适的方式传递给正确的人，信息越多协同越有效 ● 分布式协同技术可以更好地支持沟通能力较差的团队成员	Dewey，2002； Lindzey et al.，2007； Weiseth et al.，2006； Patel et al.，2012； Liu，2009； 李随成，2007

编号	基于 BIM 协同因素	主要观点	文献来源
X_{15}	参与方基于 BIM 的合同模式	• 合同模式包含承包方式、工程规模、方式、投资主体和分包方式，仍需要完善 • 合同管理存在法律淡漠、合同管理体系和制度建设重视不足、不重视合同归档管理，管理信息化程度不高诸多问题 • 工程总承包模式是建设项目的主要方式，应明确合同方的职责、利益分配和风险责任	David，2010； Patrick，2009； Weiseth et al.，2006； 李恒等，2010
X_{16}	组织目标的协调与统一性	• 良好的协同，需要参与者对明确的任务和组织目标有一个清晰的理解，并随时间而变换 • 明确的目标为良好沟通和工作结构提供了一个共同点，应是可衡量的绩效目标 • 对抗性协同是指拥有不同目标的人们共同工作，以达到某种共同目的，但是普遍存在不与他人共享所有可用信息或部分地提供必要信息的情况	Oliver. 1997； Dewey，2002； Nguyen，et al.，2004； 张进发，2009

3.3　BIM 情境下建设项目协同管理因素的验证分析

基于以上思考，笔者针对我国 BIM 情境下建设项目协同机制的相关问题进行了调查，对应用 BIM 的建设项目重点项目做了针对性深层次的调查研究，采用定性和定量的分析方法，对协同因素进行了统计分析。

3.3.1　描述性分析

为保证调查问卷的效度和可信度，笔者设计了问卷初稿，并面向研究及应用 BIM 的同济大学研究生和部分建筑企业相关人士对 60 份问卷进行了前测信度和效度检验。结果显示，变量的 Cronbach'α 系数为均大于 0.75，表明问卷有较好的信度。效度分析采用了因子分析的方法，KMO 检验值为 0.793，累计方差解释度为 58.531，并通过了巴特利球体检验（P < 0.000），表明问卷具有较好的效度。根据初稿的检验结果和部分问卷填写者的反馈意见，笔者对问卷进行修改，删除了 7 个问题，修改了多个问项的表达方式，从而形成该内容的正式调查问卷。在问卷的设计中，包括 BIM 应用基本经验程度、基于 BIM 的协同管理因素和调查者基本信息三个部分，其中第一部分包括"对 BIM 了解程度"、"使用 BIM 的基本状况"、"建设项目 BIM 应用的项目"、"建设项目 BIM 应用成熟度"和"对未来建设项目应用 BIM 及协同平台的看法"等 5 个问题，协同因素包含 16 个上文中的影响要素，采用李克特五级量表法进行度量。

在进行正式调查时，本次调查对象涵盖了建设项目 BIM 应用的相关参与主体，主要包括设计院建筑师与工程师、施工总承包商和分包商、业主、软件服务商、管理咨询师、政府及行业协会及高校研究学者等。笔者还分别对 BIM 实施 11 个建筑企业的决策、管理和实施层面人员进行半结构化访谈和结构化的问卷调查。本次调查通过电子邮件和访谈的形式共发放问卷 359 份，回收 189 份，回收率 52.64%，经过问卷的整理和校验，废卷 6 份，有效问卷 183 份。本调查采用 SPSS20.0 和 Excel 进行统计描述和推断计算。

基于 BIM 技术的应用软件最初在 2004 年左右进入我国，在 Autodesk、Graphsoft、Bentley 等国外软件开发商市场的推动下，近几年，随着一些复杂设计工程和大型建设项目的实施，BIM 逐渐被国内行业领先者设计单位接受并采用，并逐步向施工阶段扩展。在调查中我们发现，2012 年以来 BIM 技术的理念在建筑行业的相关参与主体中进行了快速传播，BIM 技术呈现快速发展扩散的趋势。按照技术扩散理论，将 BIM 技术的发展阶段可以大致划分为：认知、导入、发展、成熟至衰退阶段。所以可以说，目前我国 BIM 技术在整个建筑行业已经完成了认知和导入，正在进入第三阶段（发展阶段）的快速发展时期。随着行业内对 BIM 价值的认可，各相关方的需求不断凸显，各方已达成以下共识：BIM 已经成为未来建筑行业的发展方向，但鉴于应用前景的诸多困难和未知，大部分调查者表达了冷静的认识，表示 BIM 的深入应用在中国还需要较长的实践过程。

目前我国 BIM 的应用现状仍处于较低水平，建筑行业的设计单位、施工单位及专业分包商等在 BIM 应用方面还大多处于实践深入期。迄今为止，BIM 主要应用是在具体软件操作层面上，除少数重点工程项目（以"上海中心"和"中国尊"项目为代表）的全生命期 BIM 应用外，但大部分建设项目（尤其是建设项目）的 BIM 应用大多停留在设计标准化和一体化阶段，离信息集成化和协同管理还有较大的距离，而且大多数企业在组织内部推广的深度不够，距离有效益的 BIM 应用和延伸至全寿命周期管理（BLM）还有很长的路要走。

3.3.2 信度与效度分析

1. 信度分析。

信度（reliability）即可靠性，是指采用同一方法对同一对象进行调查时，问卷调查结果的稳定性和一致性，即测量工具（问卷或量表）能否稳定地测量所测的事物或变量。信度分析主要对调查量表的可靠性进行检验，信度指标多以相关系数表示，具体评价方法包括：重测信度法、折半信度法、Cronbach's α 系数法、基于因子分析的 θ 和 Ω 系数法（测量一致性）等。一般根据问卷的结构、内容、费用、计算工具等条件，选择一种或几种信度指标进行评价。

Cronbach's α 信度系数是目前最常用的信度系数。在社会科学研究之中，α 系数的约定取舍分界点（cut-off criteria）为 0.7，凡是低于 0.7 的量表都是不恰当的。在该问卷中，Cronbach's α 信度系数为 0.873，大于 0.7，故本次问卷调查的结果是可信的。

2. 效度分析。

由于问卷内容是通过文献研究和深度访谈得到的，为使问卷内容更具完整性和题意更清楚明了，问卷初稿完成后，通过征求专家意见，并对初稿进行了效度检验，以使问卷内容可充分涵盖所测量的内容，可认为内容效度满足要求。采用因子分析评价问卷结构效度，主要指标有累积方差贡献率、公共度和因子载荷。因本研究不是以预测为 0 的，故忽略关联效度的检验。

3.3.3　项目协同公因子提取

项目协同影响因素进行 KMO 与 Bartlett 球形检验。KMO（Kaiser-Meyer-Olkin）检验统计量是用于比较变量间简单相关系数和偏相关系数的指标。KMO 统计量是取值在 0~1 之间。KMO 值越接近于 1，意味着变量间的相关性越强，原有变量越适合作因子分析。对问卷进行 KMO 及 Bartlett 检验，如表 3.8 所示。

表 3.8　　　　　　　　　　　　　**KMO 和 Bartlett 检验**

Kaiser-Meyer-Olkin Measure of Sampling Adequacy.		0.833
Bartlett's Test of Sphericity	Approx. Chi-Square	324.370
	df	77
	Sig.	0.000

KMO 值为 0.833，位于 0.8 ~ 0.9 之间，适合做作因子分析。Bartlett 球形检验得到概率为 0.000，小于显著性水平 0.05，因此拒绝 Bartlett 球形检验的零假设，即拒绝各变量独立的假设，认为适合做因子分析。针对该问卷结果进行数据简化，从而简化问题，以发现事物的内在联系，所以本研究对基于 BIM 的工程项目协同因素进行因子分析。

变量共同度（communalities）是表示单个变量中所含原始信息能被提取的公因子所表示的程度，由表 3.9 中所示的变量共同度可知：所有的变量共同度都在 0.5 以上，因此提出的这几个公因子对变量的解释能力是可以接受的。

表 3.9 BIM 协同因素变量共同度

变量	初始	提取	变量	初始	提取
X_1	1.000	0.832	X_9	1.000	0.686
X_2	1.000	0.535	X_{10}	1.000	0.813
X_3	1.000	0.982	X_{11}	1.000	0.794
X_4	1.000	0.757	X_{12}	1.000	0.581
X_5	1.000	0.613	X_{13}	1.000	0.891
X_6	1.000	0.981	X_{14}	1.000	0.739
X_7	1.000	0.576	X_{15}	1.000	0.531
X_8	1.000	0.821	X_{16}	1.000	0.611

将数据标准化后，得到 16 个变量的描述性统计如下（如表 3.10 ~ 表 3.12 所示）。

表 3.10　　　　　　　　　　　　BIM 协同因素变量公因子方差

变量	均值	标准差	变量	均值	标准差
X_1	3.20	0.979	X_9	3.79	3.385
X_2	3.56	0.999	X_{10}	3.81	0.874
X_3	3.88	0.877	X_{11}	3.72	0.920
X_4	3.34	0.941	X_{12}	3.26	1.017
X_5	3.25	0.980	X_{13}	3.25	0.848
X_6	3.82	0.924	X_{14}	3.30	0.746
X_7	3.57	0.940	X_{15}	3.41	1.142
X_8	3.66	1.076	X_{16}	3.22	0.930

表 3.11　　　　　　　　　　　　解释的总方差

成分	初始特征值			提取平方和载入			旋转平方和载入		
	合计	方差的%	累积%	合计	方差的%	累积%	合计	方差的%	累积%
1	5.512	34.452	34.452	5.512	34.452	34.452	4.379	26.369	26.369
2	3.061	18.132	53.584	3.061	18.132	53.584	3.387	21.170	48.539
3	2.180	13.623	66.207	2.180	13.623	66.207	2.549	15.929	64.468
4	1.377	8.605	75.812	1.377	8.605	75.812	1.815	11.345	75.812
5	0.702	4.388	80.200						
6	0.450	2.813	83.014						
7	0.412	2.576	85.589						
8	0.415	2.591	87.181						
9	0.386	2.412	90.593						
10	0.303	1.894	92.487						
11	0.282	1.762	94.249						
12	0.269	1.681	95.930						
13	0.207	1.292	96.222						
14	0.194	1.213	97.435						
15	0.139	0.871	99.305						

说明：提取方法为主成分分析。

表 3.12 旋转成分矩阵[a]

变量	成分			
	1	2	3	4
具有彼此相容的组织文化和价值观（X_1）	0.775	−0.114	0.435	0.28
BIM 协同技术的可操作性（X_2）	0.175	0.25	−0.188	0.765
组织对 BIM 协同技术的投资（X_3）	0.059	0.434	0.08	0.819
技术及管理人员对建设项目、BIM 知识的适应能力（X_4）	0.299	0.05	0.826	0.219
恰当的绩效管理机制（X_5）	−0.577	0.716	0.161	−0.449
实施全面的风险管理体系（X_6）	0.038	0.663	0.145	0.014
参与方之间的相互信任与彼此承诺程度（X_7）	0.763	0.505	−0.022	−0.247
参与各方管理层对 BIM 的管理与支持力度（X_8）	0.079	0.269	0.707	0.065
数据与模型共享程度（X_9）	−0.409	0.834	−0.475	0.068
组织沟通协调能力（X_{14}）	−0.427	0.744	0.189	0.111
建立建设项目信息协同平台（X_{11}）	−0.107	−0.321	−0.38	0.826
适应 BIM 要求的项目组织结构与角色（X_{12}）	0.82	0.006	0.094	−0.667
BIM 技术的成熟度（X_{13}）	−0.326	0.071	0.783	−0.525
组织持续学习能力，教育与培训（X_{10}）	0.012	−0.015	0.799	−0.064
业主、总承包商、设计方与生产商等参与方基于 BIM 的合同模式（X_{15}）	0.845	0.124	0.012	−0.169
组织的目标的协调与统一性（X_{16}）	0.748	0.291	0.141	−0.035

说明：提取方法为主成分；旋转法为具有 Kaiser 标准化的正交旋转法；a. 旋转在 6 次迭代后收敛。

由旋转后因子载荷矩阵可看出，因子 1 包含了"组织文化和价值观（X_1）"、"相互信任和彼此承诺（X_7）"、"组织机构与角色（X_{12}）"、"合同模式（X_{15}）"和"组织目标（X_{16}）"，因此，因子 1 主要承载着基于 BIM 工程项目协同因素中"项目参与方组织合作关系"方面指标的信息，将因子 1 定义为"组织合作关系因子"。因子 2 包含了"绩效管理（X_5）"、"风险管理（X_6）"、"数据与模型共享程度（X_9）"和"组织沟通协调（X_{14}）"，因此，因子2承载着基于BIM工程项目协同因素中有关"项目参与方协作激励"的相关信息，将因子2定义为"团队协作激励因子"。因子3包含了"BIM知识适应性（X_4）"、"参与各方的支持（X_8）"、"BIM成熟度（X_{13}）"和"学习与教育（X_{10}）"四个因素，因此，因子3主要承载着"知识扩散过程中的共享"信息，将因子3定义为"BIM知识扩散因子"。因子4包含了"BIM可操作性（X_2）"、"BIM协同技术投资（X_3）"和"基于BIM的信息协同平台建设（X_{11}）"，因此，因子4主要承载着"项目技术创新"方面指标的信息，将因子4定义为"技术协同因子"。

通过上文的分析可知，BIM情境下的建设项目协同管理机制由四个协同公因子组成，可以总结为如图3.2所示。本研究在第4~6章将针对协同管理机制的四个组成部分进行分别论证和阐述。

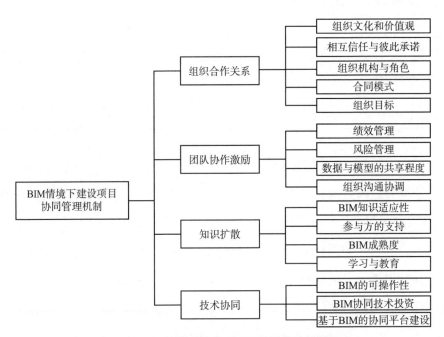

图3.2　BIM情境下的建设项目协同管理机制构成

3.3.4 因子影响分析

经过对基于 BIM 的工程项目管理协同因素的验证分析，可以得到上述的相应要素指标。建设项目的协同管理的主要参与者有建筑设计单位、业主、总承包商、分包商、监理师、软件开发商、项目管理公司（除此之外，本研究还对涉及 BIM 工程项目管理工作的部分研究者、政府部门与行业协会做了相关调查与访谈）。由于对 BIM 知识的认知和项目管理职能的不同，对协同因素同样存在一定的差异性，下面针对不同的参与主体，对因子的影响程度进行进一步分析。

1. 主因子分析。

BIM 应用不同参与主体对协同管理影响因素的综合得分函数为：

$$F = (26.369 \times F_1 + 21.170 \times F_2 + 15.929 \times F_3 + 11.345 \times F_4)/75.812$$

可以计算出各参与主体协同管理影响因素的主因子得分及综合得分，如表 3.13 所示，组织合作关系因子与协作激励因子对建设项目协同管理的影响程度相对较大，而技术创新扩散因子与技术协同因子的影响程度相对较小，其中负值表示低于平均值。从该函数中的四个因子的影响力可以看出，在 BIM 情境下的建设项目协同管理组织方面的影响因素是起着非常重要的作用（比重约占到 50%），也验证了众多学者关于协同的组织问题是 BIM 面临的最关键问题的论断。

表 3.13 协同主因子得分及综合得分名次表

不同参与主体	合作关系因子	协作激励因子	知识扩散因子	技术协同因子	综合值	排名
设计院建筑师	− 0.012918	0.872117	0.530236	− 0.531038	0.270810	1
软件服务商	0.153364	− 0.197515	0.549800	0.519061	0.193406	2

不同参与主体	合作关系因子	协作激励因子	知识扩散因子	技术协同因子	综合值	排名
管理咨询师	− 0.215852	0.437633	0.475262	0.216055	0.176471	3
设计院工程师	0.228122	0.163651	− 0.293090	0.485263	0.139089	4
研究者	0.288985	− 0.103046	− 0.082470	− 0.290400	0.014767	5
分包商	− 0.077691	0.253693	− 0.375250	0.101041	− 0.020929	6
业主	0.046707	0.143208	− 0.243730	− 0.507609	− 0.070321	7
监理师	− 0.016968	− 0.830840	0.191002	0.011722	− 0.196246	8
总承包商	− 0.370778	− 0.344236	0.096322	− 0.237620	− 0.245301	9
行业机构	− 0.907951	− 1.109727	− 0.968480	− 0.460015	− 0.909993	10

结合表 3.13 可以看出，在目前的 BIM 成熟度阶段（BIM 阶段 2），由于应用 BIM 时间先后和水平的差异性，导致各参与主体对所面临的协同管理影响因素判断出现一定的不同；同样，应用 BIM 技术时间相对滞后的业主、总承包商、咨询公司的协同管理判断值相对低于较早参与 BIM 应用的建筑师、工程师、软件开发商，也就是说，它们对 BIM 技术应用所面临的障碍估计明显不足，缺乏足够的认识。

经假设检验，比较各参与主体间的标准差，方差非齐性，做 ANOVA 分析后，进行 Welch 方法非齐性检验，检验统计量为 4.790，$P = 0.033 < 0.05$，拒绝原假设，由此可以认为各参与主体对于协同因素的认知与判断存在显著性差异。

2. BIM 成熟度下的建设项目协同因素演化分析。

建设工程项目协同管理是一个动态的演化过程（Hartmann et al.，2008），项目团队被认为是动态信息处理的网络组织，由寻求利己和全局网络"近视症"的成员组成，团队成员可以被建模为具有个体特征和网络属性的多主体，通过已有的网络途径进行信息决策和协同沟通，来谋求最大收益，因此，协同流程也可以被建模为一个微观层面行为动态和宏观层面网络动态的连续协同进化过程。

在建设项目 BIM 成熟度的各个阶段，都有不同的、值得关注的重要因素，重点关注这些方面的因素，将有助于提升项目团队的运作绩效。其中，Pre-BIM 阶段应重点关注知识扩散过程因素，从行业和企业的层面大力普及 BIM 理念与知识，为 BIM 协同技术的实施做好基础，在这一点上，政府部门、行业协会与软件服务商责无旁贷；BIM 阶段 1 应主要关注知识扩散和协作激励因素，在设计阶段初步实现模型与数据的共享，充分发挥业主的主导作用，鼓励 BIM 项目试点，积极探索企业流程、合约与组织结构的改革；BIM 阶段 2 的主要任务是重视合作关系因素和技术协同因素，因为随着 BIM 经验的增加，技术开始反作用组织合作关系，各参与主体的网络关系应进行相应的调整，以进一步适应并发挥 BIM 的最大协同效能；最后阶段，关键因素在于技术协同，建立相应的 BIM 技术协同平台，切实解决 BIM 软件的界面与互操作性，做到建设项目各种任务之间模型与数据的无缝连接，真正实现过程协同。

第 4 章

基于 BIM 的建设项目合作关系分析及仿真

由众多不同参与主体构成的建设项目组织是动态复杂社会网络,具有小世界和无标度结构复杂性特征。BIM 情境下,建设项目社会网络结构复杂性特征对于参与方的团队协作激励、知识扩散与共享等具有重要意义。本研究通过设计具有 WS 小世界特征和具有 BA 无标度特征的网络结构演化机制,在 BIM 情境下采取不同的合作策略,达到重复博弈的动态均衡,以揭示具有不同网络模型的拓扑结构对项目参与主体间合作关系的作用规律,并依据此制定出应对策略,提高建设项目的协同水平和项目绩效。

4.1　基于 BIM 的建设项目合作关系演化机理分析

4.1.1　建设项目的社会网络复杂特性

建设工程项目都是复杂系统,具有动态性和非线性。传统的建设项目管理往往局限于项目内部系统，将项目组织视为一种正式的、稳定的、指令的关系。项目组织是由企业间多重交易组成的，必须从项目的合约模式及组织结构等角度研究建设项目的组织问题。目前建设工程项目的组织模式都从某一方面在一定程度上解决了项目组织问题，但是这些模式都忽略了项目的复杂性、社会性、开放性和网络性，从而使得相关研究在解决当前建设项目众多社会学问题方面显得越来越力不从心。

建设项目具有明显的社会性特征，其不仅包含物质性操作活动，还包括复杂的人员合作与协同等大量社会性活动。建设项目产业链要求各参与方之间共同参与，协同管理。然而，现实情况却是产业链节点企业相对独立，各自为政。与制造业相比，建设项目由于发展年限较短，技术较落后，在构件的标准化设计、生产、运输配送及信息集成应用等方面较落后，其原因可以解释为信息技术不能被有效地协同整合。而由于各参与方之间信息割裂，实施计划无法充分共享，存在各参与方计划之间的关系和任务的处理过程不明确、计划制订的不合理和责任不清等问题。同时，在项目实施过程中，BIM和物联网技术应用不足，不能实时了解彼此的实际进度，信息处理滞后，无法对实时偏差作出科学的计划调整，产生了部品构件生产和运输不及时、构件厂和施工现场构件积压、施工现场停工待料等现象，影响施工进度和项目的整体效益（董美红等，2017；王威，2018）。

4.1.2　建设项目的合作关系网络生成机制

建立能够准确反映实际网络系统特性的网络模型是研究复杂网络的基础。研究人员最早提出的网络模型——随机网络模型，并推测现实网络服从随机网络模型。但是近年来的研究结果显示并非如此，真实网络具有很多与规则网络和随机网络不同的统计特征，其中最重要的就是小世界效应和无标度特性。

4.1.2.1 ER 随机网络模型

用网络的观点描述客观世界起源于 1736 年，欧拉（Euler）解决了著名的"哥尼斯堡七桥问题"。网络最初属于图论的研究范围，早期图论研究主要涉及一些可利用简单规则网络研究的问题，有些学者称这类规则网络为"大世界"网络，它的特点是每个节点的近邻数目都相同，如图 4.1 所示。20 世纪 50 年代末，埃尔达斯和瑞尼（Erdös & Rényi，1960）突破传统图论，提出了一种完全随机的网络模型——ER 模型，它由 N 个节点构成的图中以概率 p 随机连接任意两个节点而成，度分布服从 Poisson 分布。此后的很长时间内，ER 模型成为学术界研究网络的基本思路和主要数学工具，很多科学家认为它是描述真实系统最适宜的网络。

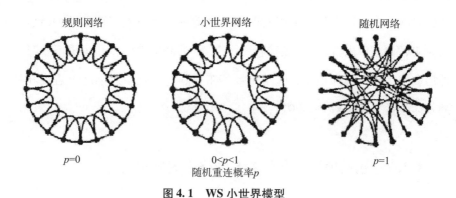

图 4.1 WS 小世界模型

ER 随机图的平均度是 $\langle k \rangle = p(N-1) \approx pN$，平均路径长度 $L_{ER} \sim \ln N / \ln \langle k \rangle$，$L_{ER}$ 为网络规模的对数增长函数，具有典型的小世界特征。由于 ER 随

机图的聚类系数是 $C = p = \langle k \rangle / N \ll 1$，这意味着大规模的稀疏 ER 随机图没有聚类特性，在实际网络中，聚类系数要比相同规模的 ER 随机图的聚类系数要高得多。

4.1.2.2 小世界网络模型

从上面的分析可知，建设项目协同关系是介于规则网络和随机网络之间的一种网络，具有小世界特性。建设项目的协同关系网络拓扑结构决定了参与主体之间的合作关系，因此，建设项目协同关系网络的小世界特性必然对工程项目协作激励、知识共享和技术创新产生影响。为揭示具有小世界特性的建设项目协同关系网络拓扑结构对组织行为的影响，本研究首先要构造具有小世界特性工程项目协同关系网络拓扑结构并分析其特征。

瓦特和斯托加茨（Watts & Strogatz，1998）提出了一种基于合规则网络和随机网络优点的"小世界"网络模型——WS 模型；纽曼和瓦特（Newman & Watts（1999）对 WS 模型进行了改进，建立了 NW 模型。这两个模型的理论分析结果是相同的，故现在统称为小世界网络模型。随着节点数的增加，WS 模型和 NW 模型展示了从"大世界"（平均路径长度线性增长）到"小世界"（平均路径长度对数增长）的变换。

小世界网络基本的统计性质如下：

1. 聚类系数。

WS 小世界网络的聚类系数（Barrat，2000）为：

$$C(p) = \frac{3(K-2)}{4(k-1)}(1-p)^3 \tag{4.1}$$

NW 小世界网络的聚类系数（Newman，2003）为：

$$C(p) = \frac{3(K-2)}{4(k-1)+4Kp(p+2)} \tag{4.2}$$

2. 平均路径长度。

迄今为止，人们还没有关于 WS 小世界模型的平均路径长度的精确解析表达式，其中利用重正化群方法（Newman & Watts，1999）可以得到：

$$L(p) = \frac{2N}{K}f\left(\frac{NKp}{2}\right) \tag{4.3}$$

其中，$f(u)$ 为普适标度函数且满足以下条件：

$$f(u) = \begin{cases} constant, & u \ll 1 \\ (\ln u)/u, & u \gg 1 \end{cases}$$

纽曼（Newman et al.，2003）基于均场方法给出了如式（4.4）的近似表达式：

$$f(x) \approx \frac{1}{2\sqrt{x^2+2x}}\tanh^{-1}\sqrt{\frac{x}{x+2}} \tag{4.4}$$

3. 度分布。

在基于"随机化加边"机制的 NW 小世界模型中，每个节点的度至少为 K。因此当 $k \geq K$ 时，一个随机选取的节点的度为 k 的概率为：

$$P(k) = \left(\frac{N}{k-K}\right)\left[\frac{K_p}{N}\right]\left[1-\frac{K_p}{N}\right]^{N-k-K} \tag{4.5}$$

式（4.5）中，当 $k < K$ 时，$P(k) = 0$。

对于基于"随机化重连"机制的 WS 小世界模型（Barrat，2000），当 $k \geq K/2$ 时，有：

$$P(k) = \sum_{n=0}^{\min(k-K/2,K/2)}\binom{K/2}{n}(1-p)^n p^{\frac{K}{2}-n}\frac{\left(p\frac{K}{2}\right)^{j-\left(\frac{K}{2}\right)-n}}{\left(j-\left(\frac{K}{2}\right)-n\right)!}e^{-\frac{pK}{2}} \tag{4.6}$$

式（4.6）中，当 $k < \frac{K}{2}$ 时，$P(k) = 0$。

4.1.2.3　无标度网络模型

ER 随机图和 WS 小世界网络模型的一个共同特征就是网络的度分布近似服从 Poisson 分布，这类网络称为均匀网络或指数网络。近年来大量的研究表明，许多实际网络的度分布明显不同于 Poisson 分布，故可以用幂律 Power-law 形式 $P(k) \propto ck^{-r}$ 来进行描述，幂律分布也称为无标度分布，具有幂律分布的网络也称为无标度网络。为揭示幂律度分布的起源，巴拉斯和艾伯特（Barabási & Albert，2002）提出了著名的无标度网络模型（BA 模型），认为现实世界中大多数的复杂系统是动态演化、开放、自组织、规则和随机伴行的，实际网络中的这种现象来源于两个重要因素：即增长机制和优先连接机制。

无标度网络 BA 模型的统计性质如下：

（1）平均路径长度。BA 无标度网络的平均路径长度为：$L \sim \log N / \log(\log N)$，这表明该网络也具有小世界特性。

（2）聚类系数。基于克莱姆和埃吉卢斯（Klemm & Eguíluz，2002）的方法，可以推得 BA 无标度网络的聚类系数为：

$$C \sim \frac{(\ln N)^2}{N} \tag{4.7}$$

这表明与 ER 随机图类似，BA 无标度网络不具有明显的聚类效应。

（3）度分布。目前对 BA 无标度网络的度分布的理论研究主要有三种方法：连续场理论、主方程法和速率方程法。这三种方法得到的渐近结果都是相同的，其中主方程法和速率方程法是等价的。

下面主要介绍由主方程法得到的结果。

定义 $p(k, t_i, t)$ 为在时刻 t_i 加入的节点 i 在时刻 t 的度是 k 的概率。在

BA 模型中，当一个新节点加入系统中来时，节点 i 的度增加 1 的概率为 $m \prod_i = k/2t$ ，否则该节点的度将保持不变。由此，得到如下递推关系式：

$$p(k, t_i, t+1) = \frac{k-1}{2t}p(k-1, t_i, t) + \left(1 - \frac{k}{2t}\right)p(k, t_i, t)$$

而网络的度分布为：

$$p(k) = \lim_{t \to \infty}\left(\frac{1}{t}\sum_{t_i} p(k, t_i, t)\right)$$

它满足如下的递推方程：

$$P(k) = \begin{cases} \dfrac{k-1}{k+2}P(k-1), & k \geqslant m+1 \\[2mm] \dfrac{2}{m+2}, & k = m \end{cases} \tag{4.8}$$

从而求得 BA 网络的度分布函数为：

$$P(k) = \frac{2m(m+1)}{k(k+1)(k+2)} \sim 2m^2 k^{-3} \tag{4.9}$$

这表明 BA 网络的度分布函数可由幂指数为 3 的幂律函数近似描述。当然，对 BA 无标度网络模型的构造及其理论分析的严格性等还存在一些争议。

4.1.3　建设项目的关系网络演化博弈

复杂网络理论为描述博弈个体之间的博弈关系提供了方便的系统框架（Vukov et al., 2008；Nowak & Sigmund, 2004）。网络演化博弈研究主要集中在三个基本方向：一是研究网络拓扑结构对博弈动力学演化结果的影响；二是探讨一定的网络结构下各种演化规则对演化结果的影响；三是研究网络拓扑和博弈动力学的共演化。虽然使用的博弈模型和具体的模拟细节各不相同，但基本的模拟过程是类似的，在每一时间步长，节点与其所有邻居进行博弈，累积博弈获得的收益，然后根据更新规则进行策略更新，如此这样重复迭代下去。

4.1.3.1 博弈模型

合作是对于建设项目产业链具有更为重要的意义。为了解释协同行为是如何从自私的个体之间演化产生的，近年来，一些可能的合作机理，如群体选择、亲缘选择、直接（或间接）互惠、空间互惠、声望与惩罚等方面的内容得到了一定的研究。自从艾克斯罗德（Axelrod，1986）利用迭代囚徒困境博弈研究合作的演化以来，演化博弈论为研究合作演化提供了方便的数学框架，虽然复杂网络所包含的网络节点数量较大，但任意两个网络节点之间的连接边只有在一条，这意味着每一次博弈只在两个存在连接节点之间进行。因此，复杂网络上使用的博弈模型多选用有两个参与主体的模型。囚徒困境博弈（prisoner's dilemma）和雪堆博弈（snowdrift game）是被研究者广泛采用的研究合作行为的两个范例（Yang & Wang，2009）。

然而，真实世界的网络大多是异质的，节点的邻居数目存在差异，甚至呈幂率分布，故研究网络的异质性对其上的博弈动力学的影响具有重要意义，在具有小世界、无标度等特性的复杂网络上，演化博弈得到了广泛的应用。

4.1.3.2 策略更新规则

网络上演化博弈过程中，策略更新规则通常包括：（1）最优者替代，某个体模仿周围邻居（包括其本人）在此轮博弈中获得最高平均收益的个体，并以其策略作为自己在下轮博弈的策略；（2）较好者拥有替代机会，每个体随机地选择周围一个邻居进行收益比较，如果其收益比被选择的邻居高，那么其保持自己策略不变，如果其收益比被选择的邻居低，则其会以一定的概率选择该邻居的策略作为下一轮博弈的策略；（3）依赖收益差别的策略学习，每个体随机地选择周围一个邻居进行收益比较，其收益比被选择邻居的收益越高（越低），则其选择该邻居的策略作为下一轮博弈策略的概率就越低（越高）。

王文旭等（Wang et al.，2006）提出了基于记忆的雪堆博弈。每个体在每轮博弈结束后，会采取自己的反策略做一次虚拟博弈，将虚拟收益与真实收益进行比较，得到所对应的最佳策略，并将其存储到该个体的记忆中，从而得到二维网络合作频率和收益参数之间具有分段式的台阶关系。武科夫等（Vukov et al.，2008）研究了模仿能力对复杂网络演化博弈的影响，认为模仿能力存在适中比例可使得网络的合作频率达到最高。此外，杨汉新等（Yang et al.，2009）考虑社会差异对选择邻居的影响，发现当大节点的影响力适当大时，能够有效地促进系统的合作。萨博等（Szabó et al.，2005）研究策略更新规则中噪音的作用，发现适中的噪声强度能使网络的合作频率达到最高。

4.1.3.3　不同网络结构的演化博弈模型

不同的网络结构对博弈中合作涌现产生影响。诺瓦克和罗伯特（Nowak & Robert，1992）首先将空间结构引入到囚徒困境的研究中，揭示了规则格子对合作行为的促进作用，但空间拓扑结构会抑制了雪堆博弈中合作的涌现。桑托斯等（Santos et al.，2006）则认为无标度网络结构为研究合作涌现提供了统一框架。

1. 小世界网络的演化博弈模型。

有学者从个体选择的角度，以网络中个体价值优化作为网络结构演化的动力机制，用顶点度分布、平均最短路径长度、集群系数作为网络结构演化判据，来研究小世界网络的结构演化问题。武科夫等（Vukov et al.，2008）基于 NW 小世界网络模型发现，当增加长程边的概率超过一个阈值（约为 0.04），不论是干扰噪声如何，合作者或欺骗者更容易在 NW 小世界网络中共存，且随着加边概率的增加，这一共存区域不断扩大。萨博等（Szabó et al.，2005；2008）发现了小世界网络上博弈行为中的断续平衡现象，系统地探讨了连续相变、极限环、吸引点等因素对小世界网络博弈行为的影响。吴伟文等（Wu et al.，2006）发现了小世界网络上博弈中合作水平的非单调现象。此外，李南等（2005）建立了重复囚徒困境博弈小世界网络模型，认为小世界网络具有最快的合作收敛和信息反映能力，解释了参与主体在短期利益和长期利益之间进行着不断权变的这一司空见惯的现象。

2. 无标度网络上的演化博弈模型。

桑托斯等（Santos et al.，2006）首先研究了无标度网络上的博弈行为，认为个体的收益是与邻居博弈的累积和，无论何种博弈模式，无标度网络上的合作者比率比规则网络都要高很多，能很好地促进合作行为的涌现。王文旭（2007）研究了 BA 无标度网络上基于记忆的雪堆博弈模型，发现小度节点的参与个体为了追求自身的高收益，会选择与中心大度节点相反的策略，这将导致合作频率随着损益比的变化而震荡。薄先玉和杨建梅（Bo & Yang，2010）比较了小世界网络和无标度网络上的演化博弈结果，结果表明，两类网络都能促使公平的产生，但小世界网络相比无标度网络更能带来公平的结果。

4.1.4 组织关系仿真对象与仿真模型的相似性分析

仿真模型和研究对象的相似理论，是仿真科学与技术的基础理论之一，根据相似理论，依据建设项目社会网络的复杂特性分析，本研究将建设项目参与主体之间的合作关系作为仿真对象，建立小世界和无标度网络模型，目的在于在不同的博弈策略下，分析参与主体在 BIM 情境下如何开展有效的合作行为，探究仿真对象在不同网络特征下的合作关系作用规律。

在建造过程中，建设项目社会网络中的参与主体，业主、设计方、施工、总包方、生产商与政府等构成网络中主要大节点，而各类专业分包商、材料与设备供应商、监理方、物流运输方、社会团体等构成网络中的小节点。它们之间通过相互联系和作用，形成表示参与方之间合作关系的"线"，依托与大节点形成集聚现象，集聚的程度可用小世界和无标度网络的聚类系数和平均路径长度来表示，故与仿真模型在个体结构和行为上具有很强的相似性。随着建设项目社会网络参与者的数量是不断进入和退出的，网络规模不断扩大，新的节点更倾向于与那些具有较高连接度的"大"节点相连接，符合无标度网络的增长机制和优先连接机制。最后，仿真模型与项目参与方网络，都是复杂系统，二者具有相似的非线性、涌现性、自治性和突变型。在仿真模型中，主要采用雪堆博弈来模拟参与主体的合作与欺骗行为，用合作频率 R 来进行度量，并在不同拓扑结构中用节点度、损益比等相应参数加以详细分析说明。

4.2　基于 BIM 的建设项目合作关系小世界网络演化仿真

小世界特征广泛存在于建设工程项目的合作关系网络中，而小世界理论对于解释网络内部结构与关系方面具有广泛的适用性（于子平等，2006）。因此，本章节将首先构建出基于 BIM 建设项目合作关系网络小世界特征的演化模型，通过 Matlab 仿真，揭示出具有小世界特征的网络拓扑结构对参与主体间合作关系的作用规律，并据此提出相应的管理策略和建议。

4.2.1　网络演化模型

项目参与主体之间的交易关系是构成该网络的基础。由于网络组织关系的复杂性和目标多元化，参与主体追求自身利益最大化的诉求变得愈加复杂，这种交易关系可以抽象为博弈模型。囚徒困境作为最常见的博弈模型，被广泛地研究与应用，但是在实践中，精确地估算出不同策略的收益是很困难的，故若把囚徒困境看作研究合作演化的唯一模型，就限制了对合作涌现的多角度理解。雪堆博弈，也称鹰鸽博弈，是另一个著名的演化博弈模型，与囚徒困境导致合作的湮灭相比，雪堆博弈则更有利于合作的产生。因此，本研究将建设工程项目合作关系网中的博弈过程视为雪堆博弈模型。

4.2.1.1　雪堆博弈模型

1. 演化网络博弈的基本过程。

建设项目合作关系网络上的演化博弈，必然涉及相当数量的项目参与主体（局中人），他们之间的合作关系构成一个复杂网络。随着时间的演化，每个项目参与主体都将与其邻居节点进行博弈，称为演化网络博弈（孙亚男，2012）。

其定义可以表述如下：

（1）数量 $N \to \infty$ 的局中人同处于一个复杂网络中。

（2）每一时间步长，按照一定的规则选取网络中的部分局中人或全部局中人，以一定的频率进行博弈。

（3）局中人可以按照一定的规则更新所采取的策略，复杂网络所有局中人的更新策略相同，但更新策略滞后于博弈频率，使得复杂网络上的局中人可以依据上一次的博弈结果更新策略，调整下一轮的博弈对策。

（4）局中人可以获知上一轮博弈结果的全部信息，并依据记忆，在规定的更新策略下改变博弈对策。

（5）策略更新规则可能受到复杂网络拓扑结果的影响。

通常用 $n = 1$，2，3，$\cdots$，N 表示局中人，$S_i = \{e_{n1}, e_{n2}, e_{n3}, \cdots, e_{nm}\}$ 表示局中人策略空间，其中 m 表示策略空间规模，$\{s_1, s_2, s_3, \cdots, s_N\}$ 表示 N 个局中人采取在策略空间中的一个策略构成，$u_n\{s_1, s_2, s_3, \cdots, s_N\}$ 表示策略构成下第 n 个局中人的效益，则演化博弈可以表示为如下：

$$G = \{s_1, s_2, s_3, \cdots, s_N; u_1, u_2, u_3, \cdots, u_N\}$$

2. 建设项目雪堆博弈模型的构建。

（1）原始雪堆博弈模型。

雪堆博弈模型是囚徒困境博弈模型的一个变化形式，它的情境可以描述为两个汽车司机在路上被一堆雪堵住而不能回家的情形。我们假定每个人都有两种策略，要么下车去铲雪（合作策略 C），要么待在车里等对方铲雪（背叛策略 D）。假设每人回家带来的收益为 b，而铲雪所付出的劳动为 c，那么如果双方都合作，每人净收益为 $R = b - c/2$；如果一方合作另一方背叛，那么合作者得到的净收益值 $S = b - c$，而欺骗者不付出任何劳动却得到最多净收益 $T = b$；如果双方都想不劳而获由对方铲雪，则二人无法回家，收益为 $P = 0$。从中可以很容易发现这四个收益值的大小顺序为 $T > R > S > P$，为了不失一般性，我们令 $R = 1$，则这四个收益值都可以用一个参数 $r = c/2 = c/(2b - c)$ 来决定，这个参数 r 即为损益比（付出与回报比值），在 $0 \le r \le 1$ 范围内，雪堆博弈模型中的收益值可以用一个 2×2 的矩阵 V 来表示：

$$V = \begin{pmatrix} 1 & 1-r \\ 1+r & 0 \end{pmatrix} \tag{4.10}$$

可见，与囚徒困境模型收益值矩阵相比，雪堆博弈模型更能提升合作行为的产生。雪堆博弈有两个纯策略纳什均衡：（合作，背叛）和（背叛，合作），同时还存在一个演化稳定策略，根据模仿者动态，由于雪堆博弈在稳定状态时的平均收益仍然低于两个人同时选择合作时的平均收益，所以它仍体现了理性参与者的两难困境。

（2）多人雪堆博弈模型与"有回报"的雪堆博弈模型。

如果被同一堆雪阻挡的司机有 N 个，其中至少有一个付出铲雪，所有参与者才能得到回报 b，假设的合作铲雪者的数量为 n_C，则每个合作者付出代价为 c/n_C，于是原始的二人雪堆博弈模型可以推广为多人雪堆博弈模型，合作者与不合作者的回报为：

$$V_C = b - \frac{c}{n_C}, \ n_C \geq 1 \tag{4.11}$$

和

$$V_D = \begin{cases} b, & n_C \geq 1 \\ 0, & n_C = 0 \end{cases} \tag{4.12}$$

由此可知，在多人雪堆博弈中，参与主体只要采取不合作的策略，就能保证自己得到的回报不少于他人，这显然抑制了合作现象的产生，陷入"合作悖论"。据此，在 BIM 情境下建设项目协同管理中，信息共享和彼此承诺、合同模式以及组织目标的影响因素是"有回报"机制顺利实施的重要保证和措施。故我们提出以下设定：只要任务提前完成，所有项目参与方都会因为节省时间或完成工作而得到额外回报，故多人雪堆模型可以进一步变异为"有回报"的多人雪堆模型。其中，参与方合作铲雪或者不合作所获得的回报分别如下：

$$V_C = b - \frac{c}{n_C} + \delta - \frac{\delta}{n_C}, \ n_C \geqslant 1 \qquad (4.13)$$

和

$$V_D = \begin{cases} b + \delta - \dfrac{\delta}{n_C}, \ n_C \geqslant 1 \\ \\ 0, \ n_C = 0 \end{cases} \qquad (4.14)$$

其中，$\delta - \delta / n_C$ 为额外回报因子，表示提前或圆满完成工作带来的附加回报（如业主合同补贴或者工期奖励等）。

业主方是被广大学者及行业实践者所公认的项目创新应用的关键倡导者和推动者。因此业主可通过制定特定合同条款的形式对其他项目参与方提出创新性技术、模型交付、业务流程及组织形式的应用要求，或通过对项目各参与方设置较高的项目绩效标准而驱使各方主动进行 BIM 创新的应用，甚至给予一定的资金支持或其他各项创新扶持及激励措施，以引导其他各参与方的创新应用行为。

3. BIM 技术应用水平对收益矩阵的影响。

在跨组织协同技术应用动态博弈过程中，合作所产生的协同效应引致了合作方合作技术应用的动机，而技术应用的溢出效应却诱发了合作过程中机会主义行为的发生，例如基于 BIM 的建设项目设计标准化和一体化给预制构件生产商所带来额外收益。根据第 3 章 BIM 成熟度的相关论述，鉴于 BIM 技术潜在价值对参与方协同合作的需求，单个参与各方的应用对建设项目所带来的价值会低于参与方协同下的技术应用。所以，假设单个参与方 BIM 技术应用收益与其自身技术应用水平成正相关，引入不同技术应用水平下的收益折减系数 α（$0 \leqslant \alpha \leqslant 1$），表示单个参与方 BIM 技术应用收益等于所有参与方协同合作应用的收益乘以 α。如表 4.1 所示，b 为应用 BIM 理想状态下的最大收益，α 值较低代表 BIM 技术应用能力较低，反之亦然。

表 4.1   建设项目 BIM 技术应用水平下的收益折减系数

BIM 技术应用成熟度	Pre-BIM	BIM 阶段 1	BIM 阶段 2	BIM 阶段 3
收益折减系数 α	$0 < \alpha \leqslant 0.25$	$0.25 < \alpha \leqslant 0.5$	$0.5 < \alpha \leqslant 0.75$	$0.75 < \alpha \leqslant 1$

基于经典对称雪堆困境博弈模型，同时考虑 BIM 不同技术应用水平下的收益折减系数，来构建二人雪堆博弈的收益矩阵模型 A：

$$A = \begin{pmatrix} \alpha b - \dfrac{c}{2} & \alpha b - c \\ \alpha b & 0 \end{pmatrix} \qquad (4.15)$$

4.2.1.2   基于雪堆博弈的仿真模型

基于上述的分析，如果用小世界网络来描述建设项目社会网络的特征，那么业主、承包商、设计单位、预制构件生产商、分包商、供应商及其他参与方（如管理咨询、政府、协会、学术机构、软件服务商等）的项目参与主体则是构成项目合作关系网络的"节点"，各个节点之间的互动交流则是围绕项目合作关系网络中的"连接"而进行的。这样，就可以用小世界网络的聚集系数 C、平均路径长度 L、随机重连概率 p 等数量特征来描述和分析建设项目合作关系网络的特征。

为了对建设项目合作关系网络的合作程度进行仿真，通过以下四个步骤建立仿真模型（于子平等，2006；孙亚男，2012）。

1. 产生小世界特征网络结构。

依据 WS 小世界重连边模型，从规则网开始，考虑一个由 N 个点构成的环形最近邻耦合网路。其中每一个节点都与它相互相邻近的 k 个点相连接，即 k 为每个节点的常数度值，在此取偶数。然后以概率 $p(0 < p < 1)$ 随机重新连接网络中已存在的每一个边，即将变的一个端点断开，另一个端点保持不变，随机的选择一个节点重新连接成一条新边。在这里需要做如下规定，任意两个合作的节点之间至多存在一条边，并且不存在同节点的环，即每一个节点不能与自身进行连接形成环。

2. 计算节点间博弈收益。

以建设项目关系网络中的节点表示参与主体，网络中的边表示项目参与主体之间是否进行合作的博弈关系，一个节点 i 要与 k_i 个节点有边连接，即节点 i 的度为 k_i。这意味着节点 i 要与这 k_i 个节点进行博弈，分别采取 k_i 个博弈策略，用 Ω 表示节点 i 的博弈对手集合，设每个项目参与主体的策略空间为 {合作 C，背叛 D}，若节点 $j \in \Omega$，向量 x_{ij} 表示节点 i 对节点 j 采取的策略。用 $x_{ij} = (1, 0)$ 表示合作 C，$x_{ij} = (0, 1)$ 表示背叛 D，则节点 i 与节点 j 博弈一次所得到的收益为：

$$u_{ij} = x_{ij} A x_{ji}^T \tag{4.16}$$

其中，T 代表转置矩阵。

3. 设计更新规则。

网络中每一条边的两个节点都进行一次博弈记为一轮，用 t 表示目前所处的博弈轮数。一轮博弈完成后，节点 i 与所有相连节点 j 博弈后的平均收益为：

$$\bar{u}_i(t) = \frac{\sum\limits_{j \in \Omega} u_{ij}}{k_i} \tag{4.17}$$

选择节点平均收益的原因在于消除节点度对节点总收益的影响，需注意的是，节点每一轮的收益值并不进行累加。

本研究采用的演化机制是"模仿"机制和"反省"机制。模仿机制是指，在一轮博弈完成后，当参与者 i 要决定以什么策略参与下一轮博弈时，他会将自己在这一轮得到的收益 V_i 与自己最近的邻居中，随机选择一个邻居参与者 j 的收益 V_j 做比较，如果 $V_j > V_i$，参与者 i 会以正比于收益差额的概率 ω 更新而跟从参与者 j 的策略。在多人雪堆博弈模型中，参与者可以选择合作与不合作，于是可能导致参与者 i 改变策略的收益差额为：

$$\Delta V(n_C) = V_C(n_C) - V_D(n_C) \qquad (4.18)$$

或

$$\Delta V(n_D) = V_D(n_C) - V_C(n_C) \qquad (4.19)$$

在模仿机制中，通过比较两者的收益来更新自己的策略，策略的更新概率 $\omega_{i \to j}$ 取决于两者的收益值之差。为了接近实际问题，参照孙立新（2012）的文献，本研究将策略的更新策略 $\omega_{i \to j}$ 用费米函数形式来表示，即：

$$\omega_{i \to j} = \frac{1}{1 + e^{\frac{V_i - V_j}{T}}} \qquad (4.20)$$

而在反省机制中，参与者会假设自己以相反的策略参与当前一轮博弈，并以之参考来决定下一轮采取什么策略，他把在这种虚拟情况下得到的收益 V_{iv} 来与自己真实得到的收益 V_i 做比较，当 $V_{iv} > V_i$ 时，那么这个参与者同样以正比于收益差额的概率 ω，用虚拟策略参加下一轮博弈；其他情况下，它会沿用这一轮的真实使用的策略。应注意的是，当系统中有 n_C 个参与者采取合作策略时，真实收益为 $V_{C,i} = V_C(n_C)$ 或 $V_{D,i} = V_D(n_C)$；而在对应的虚拟博弈过程中，合作者数量会变成 $n_C - 1$ 或 $n_C + 1$，相应的收益为 $V_{C,i} = V_C(n_C - 1)$ 或 $V_{D,r} = V_D(n_C + 1)$，于是可以得到：

$$\Delta V = V_{iv} - V_i = V_D(n_C - 1) - V_C(n_C) \qquad (4.21)$$

或

$$\Delta V = V_{iv} - V_i = V_C(n_C + 1) - V_D(n_C) \qquad (4.22)$$

在很多的演化博弈模型中，策略的更新概率 $\omega_{i\to j}$ 取决于通常将策略的更新概率 $\omega_{i\to iv}$ 费米函数形式来表示，与式（4.20）类似。

在式（4.20）中，T 为一个给定的参数，相当于固体物理中的温度，它可以用来控制收益值之差（$V_i - V_j$）或（$V_i - V_{iv}$）对策略的更新概率 $\omega_{i\to j}$ 或 $\omega_{i\to iv}$ 影响的强弱。例如，在 T 极限小时，当 $V_i = V_j$ 时，$\omega_{i\to j} = 0.5$；当 $V_i > V_j$ 时，$\omega_{i\to j} \sim 0$；当 $V_i < V_j$ 时，$\omega_{i\to j} \sim 1$，这时更新概率对收益值的差别非常敏感。在 T 极限大时，$\omega_{i\to j} \sim 0.5$，收益值的差别对更新概率影响很小。本研究中，为了便于计算和比较，将改变策略的概率 ω（即小世界网络中的连边概率 ω）取值为 0、0.01、0.1、0.5 和 1 时进行仿真计算。

4. 建立统计指标。

模型中的统计指标是建设项目合作关系网络中合作策略的比例 R，整个网络中有 N 个节点，平均每个节点与 K 个相连节点进行博弈，即平均每个节点会采取 K 个博弈策略，因此，合作策略的比例为：

$$R = \frac{n_c}{N \times K} \qquad (4.23)$$

其中，n_c 为项目合作关系网络仿真结束后采取合作策略的节点数。

4.2.2 模型仿真与结果

4.2.2.1 参数初始化

因仿真计算机运算能力的限制，本研究选取建设项目合作关系网络的节

点数 $N = 360$，讨论平均节点度 K 分别为 4、6、8 的情况下，网络结构相关参数与合作策略比例 R 的演化情况。模型初始状态为随机选择网络中相互连接的节点，并随机赋予节点间的策略（合作或者不合作）。为保证合作关系网络具有小世界特征，本研究将随机化重连概率 p 的值从 0 逐渐改变为 1，将参数赋值 $K = 6$，可得此过程中建设项目合作关系网的平均路径长度和聚集系数，如表 4.2 所示，p 随机取 13 个值（$0 \leqslant p \leqslant 1$）。

表 4.2 　p 取值与聚类系数 $C(p)$ 值和平均路径长度 $L(p)$ 值之间的关系

取值序号	p	$C(p)$	$L(p)$	$C(p)/C(0)$	$L(p)/L(0)$
1	0.001	0.5982	98.9813	0.9970	0.9898
2	0.0023	0.5959	55.7751	0.9931	0.5578
3	0.0035	0.5937	42.2135	0.9895	0.4221
4	0.0056	0.5900	35.7089	0.9833	0.3571
5	0.01	0.5822	25.4394	0.9703	0.2644
6	0.0378	0.5345	10.9032	0.8908	0.109
7	0.0631	0.4934	6.4338	0.8224	0.0743
8	0.1	0.4374	4.2024	0.7290	0.052
9	0.2762	0.2275	2.2923	0.3792	0.0229
10	0.3902	0.1361	1.7209	0.2268	0.0172
11	0.5195	0.0666	1.3538	0.1109	0.0135
12	0.7376	0.0108	1.0063	0.0181	0.01
13	0.9	0.0006	0.8493	0.0010	0.0085

图 4.2 是 $K = 6$ 时，随机化重连概率 p 值从 0 逐渐改变为 1 过程中项目合

作关系网的聚类系数 $C(p)$ 值和平均路径长度 $L(p)$ 值的演化仿真结果。从该图中可以看出，与 WS 小世界模型关系图相比，仿真结果中聚集系数和平均路径长度的变化趋势具有明显小世界特征。经过进一步选取 K 为不同取值进行仿真时，该曲线是一致的，即 $C(p)/C(0)$ 与 $L(p)/L(0)$ 不随平均节点度而发生变化，聚集系数 $C(p)$ 曲线具有随着 K 值的增加而增加，而路径长度 $L(p)$ 却随着 K 值的增加而减小。

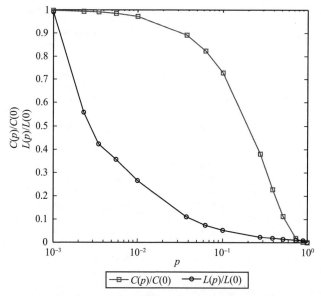

图 4.2　聚集系数 $C(p)$ 和平均路径长度 $L(p)$ 与重连概率 p 变化关系

因此，当 $0 < p < 1$，项目合作关系网络具有小世界特征。其中，当 p 取值在 0.1 附近区域内，项目合作关系网中聚集系数下降趋势明显，同时平均路径长度较小，项目合作关系网络的小世界特征更加明显，所以，除特殊情况外，本研究选取 $p = 0.1$ 作为随机化重连概率进行进一步的仿真。

4.2.2.2 仿真结果与分析

依据演化模型的构建过程，本研究使用 Matlab 仿真工具，按照如图 4.3 所示的流程进行编程并计算仿真结果。

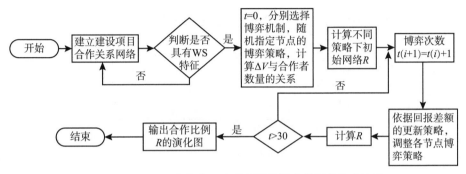

图 4.3　建设项目合作关系小世界网络博弈模型的仿真流程

1. 不同博弈模型与博弈机制的组合。

由上文可知，通过观察回报差额 ΔV 与系统中建设项目参与主体的合作者数量的关系，可以确定在改变策略概率 $\omega = 0$ 的情况下，合作系统中的参与者均不会改变策略，即系统达到了稳定态。我们将多人博弈［式 (4.11) ~式 (4.12)］、回报博弈［式 (4.13) ~式 (4.14)］与模仿博弈机制［式 (4.18) ~式 (4.19)］、反省博弈机制［式 (4.21) ~式 (4.22)］四个公式结合两两组合，结合在 BIM 技术收益折减系数下的收益矩阵式［式 (4.15)］。假设参数取值为：$b = 1$，$c = 0.5$，$\delta = 5c$，$\alpha = 0.3$；0.9，通过逐点计算，进行 Matlab 数值仿真计算，可得到图 4.4 所示内容。

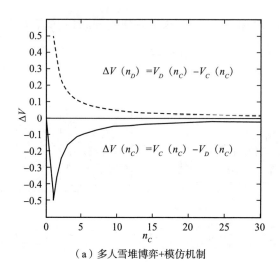

（a）多人雪堆博弈+模仿机制

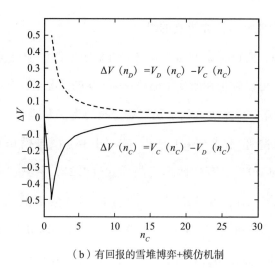

（b）有回报的雪堆博弈+模仿机制

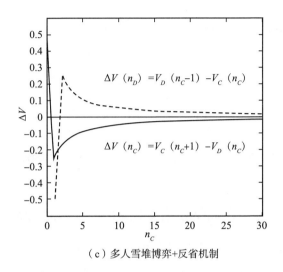

（c）多人雪堆博弈+反省机制

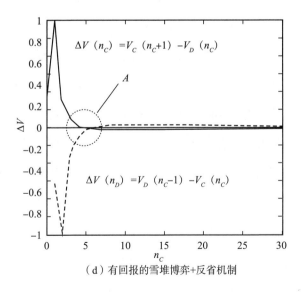

（d）有回报的雪堆博弈+反省机制

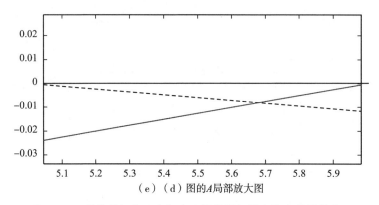

（e）（d）图的A局部放大图

图4.4　四种模型组合下参与方回报差额与其合作者数量的关系

图4.4中的（a）～（d）分别为由两个变异的雪堆模型与两种演化机制两两组合后，得到的四种博弈的演化模型。图中的虚线表示在不同的演化博弈模型中，不合作者改变策略时，其收益变化值ΔV与合作者数量的关系；而实线表示合作者的ΔV与项目组织合作者数量的关系，显然，如果某个策略变化过程的$\Delta V > 0$时，这个改变策略的过程才可能发生。图4.4（a）和（b）形式相同，这是因为有回报的雪堆博弈模型中，额外回报因子为所有参与方所共有，从而也不会影响回报差额的取值，所以（a）和（b）中的稳定状态为合作者数量为零的状态，实际中模拟过程证实了这个现象：即使网络一开始的初态为所有参与方均合作的状态（这个情况下采用模仿策略，网络中的合作者比例显然也不会改变），只要有少许扰动，整个网络也会最终变为所有参与方都不合作的状态。图4.4（c）和（d）中，均存在参与方由合作变为不合作，或者不合作变为合作会导致$\Delta V < 0$的区间，这说明这两种演化博弈模型中存在稳定状态，其中（c）图的稳定状态只存在于只有一个参与方采取合作策略的情况下（该图$\alpha = 0.9$，也说明BIM的收益折减系数只适用于博弈的初始阶段）；而（d）图的稳定状态与δ/C的取值有关，受到组织合作关

系的信任和承诺、合同模式以及组织目标的影响。

从图 4.5（e）可知，在稳定状态下，合作者的数量 n_c 的取值范围为：

$$n_c(t \rightarrow \infty) \in \left[\frac{\delta}{C}, \ \frac{\delta}{C} + 1 \right], \ \text{且} \ n_c \in N$$

从上式中可以看出，当 $\frac{\delta}{C}$ 为整数时，合作者的数量可以为整数 $\frac{\delta}{C}$ 和 $\frac{\delta}{C}$ +

1，当 $\frac{\delta}{C}$ 为非整数时，合作者数量在可取值为 $\left(\frac{\delta}{C}, \ \frac{\delta}{C} + 1 \right)$ 中的唯一整数。

2. 模仿机制下博弈模型的合作比例稳定分析。

结合式（4.15）、式（4.18）和式（4.19），我们可以将多人博弈下的收益矩阵 A 转换为：

$$A = \begin{pmatrix} \alpha b - \dfrac{c}{N} & \alpha b - \dfrac{c}{n_c} \\ \alpha b & 0 \end{pmatrix} = \begin{pmatrix} 1 & 1 - \left(\dfrac{N}{n_c} - 1 \right) r \\ 1 + r & 0 \end{pmatrix} \tag{4.24}$$

其中，令 $\alpha b - \dfrac{c}{N} = 1$，$r = c/N = \dfrac{c}{N\left(\alpha b - \dfrac{c}{N} \right)}$，则 r 为付出与回报比值，满足

$0 < r < 1$。在本研究的分析模型中，我们假定 N 个参与者同时进行雪堆模型的博弈，即每个参与者与其他 $N-1$ 个参与者同时进行二人雪堆模型的博弈，每个参与者所得到的收益值为一个累积的收益值。由此，对于采用合作策略的参与者（合作方）来说，t 时刻的收益值可由下式（4.25）表示：

$$V_C(t) = (n_c(t) - 1) + (N - n_c(t)) \left[1 - \left(\frac{N}{n_c(t)} - 1 \right) r \right] \tag{4.25}$$

同样，可以计算 t 时刻采用欺骗策略的参与者（不合作方）得到的收益值，如式（4.26）所示：

$$V_D(t) = n_c(t)(1 + r) \tag{4.26}$$

（1）模仿机制下不同平均节点度 K 对建设项目网络结构的影响分析。

不同的平均节点度意味着建设项目合作参与个体之间合作数量的不同，较大的平均节点度表明合作关系网络中，每一个项目参与个体将会与更多的其他项目参与个体之间建立联系，这势必对网络结构产生影响，而结构的变化将导致合作关系的变化。由式（4.1）和式（4.3）可知，随着 WS 网络平均节点度的不断增大，网络平均路径长度 $L(p)$ 不断减少，而聚集系数 $C(p)$ 却不断增加，这说明随着参与个体之间合作关系数量的不断增加，项目参与个体之间有形成内部小团体的趋势（通常围绕业主方、设计方和施工方等主要参与方而形成集聚团体）；同时，由于平均路径长度的降低，更有助于内部沟通和信息共享的进行，提升了协同效率。

合作频率 R 是理解合作行为一个非常重要的物理量，所谓的合作频率 R 就是合作者的数目占总参与者数目的比例。图 4.5 给出了平均节点度分别为 4、6 和 8 时，随博弈次数 t 不断增加，网络合作关系比例的变化规律。从图中可以看出，采取模仿机制策略下，合作关系在较短的时间内达到了稳定状态，这说明建设项目采取模仿机制策略时协同效率较高。随着博弈次数的不断增加，网络合作关系比例 R 呈现出较为稳定的发展趋势。同时随着网络平均节点度 K 的增加，合作关系比例也逐渐增加，在 $K=8$ 时，几乎达到完全合作状态。这说明，在模仿机制策略下，不断增加项目参与个体之间的合作数量，可以促进合作关系比例的增加，但是值得注意的是，应保持项目合作频率 R 应保持一个合理的比例，原因在于：一方面，节点度越高，意味着组织机构与角色变得更加复杂化，项目付出的成本将越大，使得项目合作的损益变大；另一方面，合作频率 R 过低则限制了项目合作目标的实现效果和效率。

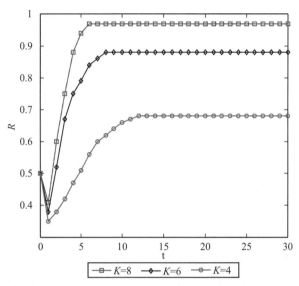

图 4.5　模仿机制的策略下 WS 小世界网络的合作比例 R 与节点度 K 的关系

（2）模仿机制下的损益比 r 对合作频率 R 的影响关系。

图 4.6 画出了雪堆博弈中在模仿机制下合作频率与损益比 r 的关系曲线，其中小世界网络的连边概率分别取为 $\omega=0$、0.01、0.1、0.5 和 1，$K=4$。与规则网络（$\omega=0$）相比，在相应的损益比 r 下，小世界拓扑结构下（$\omega>0$）项目参与方的合作频率得到了很大的提高，即使在 r 取值比较大的时候也能够促进合作演化。因此，小世界模型引入的长程连接扩大了合作者优势，有利于合作关系的形成与发展，而且由图 4.6 中的局部放大图中可以明显看出合作频率 R 对 ω 的依赖是非单调的。

从图 4.6 可以看出，虽然小世界网络的连边概率 ω 也会影响系统的合作行为，但是网络在整体上仍然展现出一致的趋势，这个结果也与相关研究的结果接近。我们发现在整个 r 范围内，系统会出现三个相，即完全合作的相（$R=1$）、完全欺骗的相（$R=0$）和合作欺骗混合的相（$0<R<1$）。其中，当

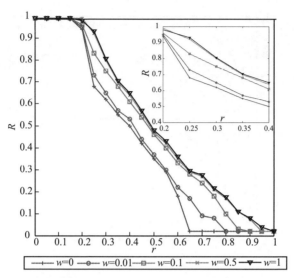

图 4.6　模仿机制的策略下 WS 小世界网络合作比例 R 与损益比 r 的关系图

损益比 r 较小时，系统出现了完全合作的相，从雪堆博弈模型的收益矩阵也可以看出，在损益比 r 较小时建设项目参与者更倾向于合作。同时，由于参与方合作形成一定团簇结构的网络空间，参与方可以利用这种团簇空间结构，来共同抵御欺骗者的行为策略。因此，在 r 较小时，合作者很容易形成团簇结构，欺骗者将完全消失，从而达到理想的完全合作状态。从式（4.24）和图 4.6 可知，随着 r 的增大，建设项目合作者得到的收益值将减少而逐渐失去竞争优势，欺骗者策略变得越来越有利。当 r 增大并超过临界值 r_C 时，项目网络形成了合作欺骗混合的相，在团簇边界上合作者与欺骗者的收益值逐渐相同，合作者仍然主要依靠团簇结构来竞争欺骗者。随着 r 进一步增大，合作者形成的团簇结构也会越来越小，当 r 增大并超过另一个临界值 r_D 时，较小的团簇结构就不能抵御欺骗者的竞争，此刻合作者就不能存在于网络结构中，系统出现完全欺骗的相。

图 4.7 展示了不同的 r 与不同参与方之间的合作频率 R 随概率 ω 变化的关系。不同的 r 与合作频率 R 都是随着概率 ω 的增加而迅速增加，直至 ω 增加

到某一临界值，系统的合作频率得到了显著提高，这就意味着网络整体的合作行为对小世界网络平均路径长度 L 比较敏感。从图 4.7（a）和图 4.7（b）中可以看出，对于损益比 r＝0.3 和 r＝0.4，合作频率在 ω≈0.2 时出现了一个峰值，表明在该点处建设项目的参与主体之间取得了最佳的合作效果。随着 r 的增大，ω≈0.2 时处的峰值越来越趋于饱和［图 4.7（c）和图 4.7（d）］，当 ω＞0.2 时，合作频率 R 基本保持不变，因为该阶段 L 的变化相对比较平缓。

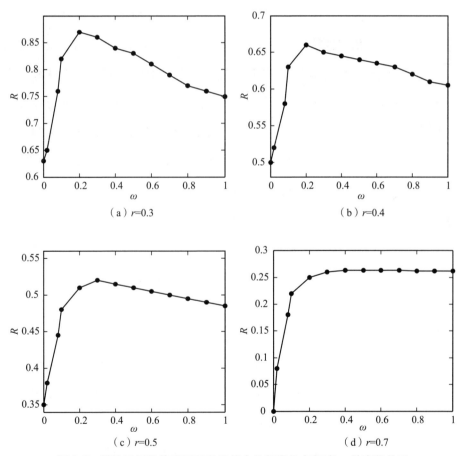

图 4.7　模仿机制的策略下 WS 网络合作频率 R 与概率 ω 的变化关系

上述分析结果较好地解释了当前跨组织 BIM 应用的困境。由于 BIM 收益折减系数 α 与损益比 r 成反比，随着收益折减系数 α 的增加，参与各方应用 BIM 的成熟度水平提高，合作频率将越来越大。针对大多数跨组织性创新的应用，假设施工方或设计方合作而另一方不合作或者欺骗，合作方在付出 BIM 创新应用成本的同时，虽然可以在 BIM 应用过程中获得部分收益，但由于失去另一方的配合，则无法完全实现跨组织性创新应用的全部效用，加之创新应用收益的溢出效应，使得单方进行跨组织性创新应用的收益往往小于其所支付成本。此外，由于建筑产品及建设项目分工体系的固有特征，各参与方之间的工作依赖性较强，各方独立应用创新所获收益的溢出系数往往较小。而且，现阶段行业 BIM 应用水平及从业人员素质均较低，项目参与方 BIM 应用的初始投资往往较大，加之在传统建设项目交易模式下参与方合同关系错综复杂，缺乏 BIM 应用合作成本分配及额外收益分配的协调机制，若跨组织性创新应用合作的协同效应不足够大（即收益折减系数 α 较小时），项目参与方的跨组织 BIM 应用将向非合作的均衡趋势进行演化。

（3）有回报（或惩罚）博弈对合作频率 R 的影响。

假设合作者占全部参与方的比例为 0.3，则欺骗者比例 0.7，节点度 $K=4$，$r=0.3$ 时，则在有回报的博弈情境下，项目参与方的初始状态为（0.3，0.7），分别取回报因子 $\delta=0$、2.5 和 5 时进行数值模拟，在模仿机制下模拟结果如图 4.8 所示。

当合作方的回报较小时（$\delta=0$），经过 t 次博弈后，合作频率下降至稳定状态。一方面，在 $\delta=0$ 的曲线关系上可以看出，参与各方的初始状态对于合作演化具有重要意义，当初始状态取（0.7，0.3）时，即使 $\delta=0$ 时，项目参与方之间达成合作的频率要远远大于状态（0.3，0.7）。因此，博弈初期状态

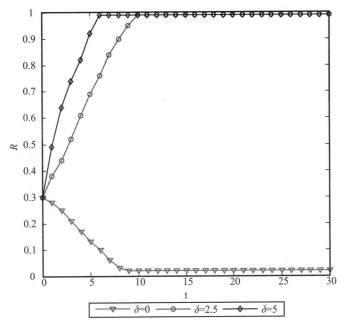

图 4.8 模仿机制的策略下有回报博弈下 **R** 的变化

注：取合作者与欺骗者初始状态比例为（0.3，0.7）。

（包括参与方的数量、资质能力、BIM 技术水平、合同条件、企业效益及声誉等因素）将直接对最初的合作者比例产生影响，从而影响演化合作的稳定状态。

另一方面，当 $\delta=2.5$ 和 5 时，合作频率迅速上升至几乎完全合作状态。结果表明，无论初始值如何，在回报系数相当高或者具有很强契约约束的条件下，博弈的参与各方拥有一致组织文化和价值观，为了获取更大的收益，最终都将采取合作策略。相对于有回报的博弈演化过程，惩罚约束机制同样可以产生类似的效果。因此，对于建设项目 BIM 倡导者——业主来讲，可以根据项目实际设计的良好回报和惩罚约束机制，制定恰当的组织合同模式（例如建设项目与工程总承包的有效结合），对于实现项目成功具有重要意义。

3. 反省机制下博弈模型下的合作比例稳定分析。

图4.9模拟了反省机制下的建设项目参与方合作频率 R 与损益比 r 之间变化关系。从图中可以看出， R 与 r 表现为单调关系，随着 r 的增大， R 会逐渐减小。在 r 的整个范围内，我们没有观察到 $R=0$ 和 $R=1$ 情境，这与模仿机制中出现的结果存在明显不同。另外，在 ω 较大和较小时， R 随 r 的变化关系也出现了不同的策略行为，当 ω 增大时， $R=0.5$ 所对应的 r 范围呈现出越来越窄的趋势，造成这种现象的原因在于：当 $r<0.5$ 时，有更多合作邻居的合作者将更容易被欺骗者所替代，对于欺骗者而言，情况则恰恰相反。因此，由没有合作邻居的合作者和有四个合作邻居的欺骗者所组成的微观结构最稳定，其他情况结合的微观结构稳定性会较差。因此，当BIM应用损益比较大时（通常为Pre-BIM或BIM阶段1），BIM投入较大，合同效果激励不足，围绕在大节点周围的分包商BIM应用积极性较低，不愿意采取信息模型合作的态度。

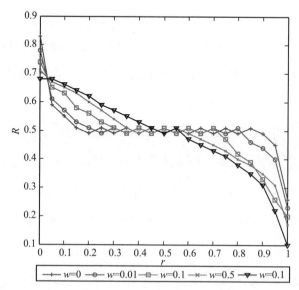

图4.9　反省机制策略下 WS 网络合作比例 R 与损益比 r 的关系

4.3 基于 BIM 的建设项目合作关系
无标度网络演化仿真

在建设项目的合作关系网络中,参与个体的节点度往往表现出"异质性",即少数项目参与个体连接着大量的其他项目参与个体,表现出节点度分布的不均匀性。因此,本节选择 BA 无标度网络模型进行博弈演化,构造出具有无标度特征网络结构的项目合作关系网络,此基础上通过 Matlab 仿真,揭示具有无标度特征网络拓扑结构对建设项目参与个体间合作关系的作用规律,并据此提出管理策略和建议。

4.3.1 网络演化模型

BIM 情境下建设项目的组织结构与各参与方的不同角色,对网络结构产生重大影响。为了展现项目规模的动态变化以及参与个体逐利性对合作关系网络结构的影响,对于博弈模型,本研究选择基于个体决策过程历史记忆的雪堆博弈模型。

1. BA 无标度网络的构造算法。

由一个具有 m_0 个节点的网络开始,每次引入一个新的节点,连接到 m 个已存在的节点上,使得 $m < m_0$,这个新引入节点连接到已存在节点 i 上的概率为 $\prod_i$,则与节点 i 的度 k_i、节点 j 的度 k_j 之间满足下列关系:

$$\prod_i = \frac{k_i}{\sum_j k_j}$$

经过 t 步迭代后，这种算法产生了一个有 $N = t + m_0$ 个节点、mt 条边的网络，通过引入新的节点和优先连接构造出来的网络，度分布具有许多真实网络具有的幂律形式，拥有小的平均距离和小的聚集系数。

2. 该模型基本规则。

（1）将 N 个博弈参与者置于网络的节点上，每一轮所有相互连接的参与者同时博弈，某个参与者的总收益为根据一定收益矩阵与所有邻居分别进行博弈后的收益之和。

（2）当一轮博弈结束后，所有参与者更新自己的策略库，同时根据某个规则更新自身策略，然后进行下一轮的博弈。

（3）重复（1）、（2）步骤。

本研究采用简化的雪堆博弈收益矩阵式，如式（4.15）所示。

3. 参与者的策略库更新及策略更新方案。

参与方根据周围邻居上一时刻的策略进行反思，即采用自己的反策略做一次虚拟的博弈，从而得到虚拟的总收益，然后比较真实收益与虚拟收益，得到所对应的最佳策略，并将这个最佳策略记录到该参与方的记忆中，那么每个参与方记忆中所记录的都是历史时刻最佳的策略。假设每个参与者的记忆长度有限（设长度为 M），即为从上一时刻到 M 时刻以前的历史最佳策略，然后每个参与者根据自身的历史记忆进行决策。为了简单起见，采用多数者规则，即采用 C（合作）或 D（欺骗）策略的概率正比于 C 和 D 在记忆中的数量：

$$P_C = \frac{n_C}{n_C + n_D} = \frac{n_C}{M} \text{和} P_D = 1 - P_C$$

其中 n_C 和 n_D 分别是 C 和 D 的数量，所有个体重复以上步骤，系统就会演化下去。

4. 建立统计指标。

模型中的统计指标是项目合作关系网络中合作策略的比例 R，因为具有无标度特征的项目合作关系网中有 $N = t + m_0$ 个节点，mt 条边，因此，合作比例 R 的计算公式如下：

$$R = \frac{n}{(mt)} \tag{4.27}$$

其中，n 为网络仿真结束后采取合作策略的节点数。

4.3.2　模型仿真与结果

4.3.2.1　模型参数初始化

首先构造具有无标度特征的合作关系网络结构，假设在 BIM 项目启动时，设有业主方、设计方、施工方和生产商、政府部门等 5 个核心项目参与个体，即 $m_0 = 5$，核心项目参与个体之间建立紧密的联系，形成完全网络结构，随着项目的实施和进度推进，不断有新的项目参与个体加入项目中。由于受到仿真设备运算能力的限制，设新加入项目参与个体的数量 $m = 3$，设定最终形成具有无标度特征的项目合作关系网络的规模 $N = 360$，通过计算，可得上述项目合作关系网络的节点度分布，如图 4.10 所示。

从图 4.10 中可以看出，与无标度网络模型节点度分布相比较，建设项目合作关系网络中节点度的概率分布符合幂律分布，具有无标度特征。

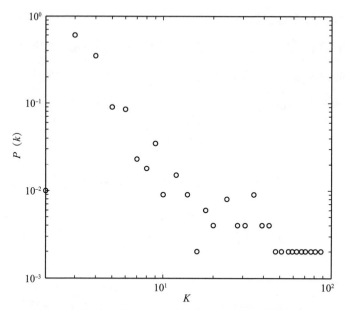

图 4.10　建设项目合作关系网络图中节点度的概率分布

4.3.2.2　仿真结果与分析

依据演化模型的构建过程，本研究使用 Matlab 仿真工具，按照如图 4.11 所示的流程进行编程并计算仿真结果。

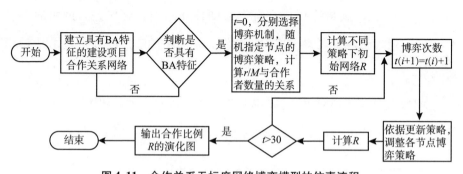

图 4.11　合作关系无标度网络博弈模型的仿真流程

1. BA 网络中具有历史记忆的损益比 r 对合作频率 R 的影响关系。

此次仿真中初始网络中合作者和背叛者各占 50%，随机进行分布，初始节点等概率选择合作或欺骗，记忆内容为随机策略分布，初始节点的策略分布以及记忆内容并不影响最终稳态时的策略分布。在 BA 无标度网络中，为了研究合作频率随损益比的变化关系，固定网络的平均度为 $K=6$，分别取节点的记忆长度为 $M=2$、7，得到结果如图 4.12 所示。

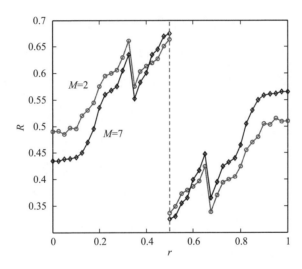

图 4.12　BA 无标度网络中合作频率 R 与损益比 r 的关系

可以看出，在 BIM 情境下，合作网络合作频率 R 在不同的历史记忆下，并不是随着 r 的增大而减小，反而在某些区域，随着 r 的增加反而出现大幅上升，并且存在一个最优的合作频率值。该曲线是不连续的，被分为不同的几段，以坐标点（0.5，0.5）为 180° 旋转对称，在不同的历史记忆下，M 不影响分段点的 r 值，只影响 R 的值，这些结果和相关文献相一致（王文旭，2006）。

　　出现该曲线的原因在于，BA 无标度网络与规则网络不同，具有少部分节点的度很大（业主方、设计方、施工方、生产商等），而大多数的小度节点与此大度节点相连，所以每个节点不再像规则网络一样具有相同的连接度（相关论述见本节第三部分），这使得不同节点与邻居博弈时获得的收益存在差别，而每个节点为了获得最大收益，会根据节点的邻居策略来选择合作或背叛策略。通常为了更好地实现目标，项目合作网络中关键参与主体的节点通常选择合作策略，那么与此连接的大多数的小度节点（例如设备、材料及构件分包商等），为了实现最大化收益，可能会选择欺骗策略，从而导致合作频率 R 偏低；而当度大的节点选择背叛策略时，度小的节点不得不选择合作策略，以从它的邻居谋求 $1 - r$ 的收益，所以，小度节点的被动选择实际上是导致图中分段处 R 升高的主要原因。因此，在 r 增大时，也会出现图 4.12 所示的 R 升高的现象，当 r 变的较大时（近 0.5），选择合作时非常低的收益会导致网络中绝大多数的节点选择背叛行为，就会出现图中的 R 突然下降。

　　2. BA 网络中在不同损益比 r 下记忆长度 M 对合作频率 R 的影响关系。

　　记忆长度对合作频率的影响主要体现在建设项目参与各方长期合作的动态性上。从图 4.12 中可知记忆长度 M 对合作频率大小有影响，且不同的 r 值对合作频率的影响不同。图 4.13 则表现了在相同平均度不同 r 时的 R 随着不同记忆长度的变化关系，其中图 4.13（a）中取网络的平均度 $\langle k \rangle = 4$，损益比 $r = 0.35$、0.41 和 0.48，图 4.13（b）中取网络的 $\langle k \rangle = 8$，$r = 0.4$、0.45 和 0.48。从图中可以看出记忆长度对不同平均度的网络结构、不同的损益比具有不同的作用。在平均度 $\langle k \rangle = 4$ 情况下，当 $r = 0.41$ 时，曲线呈现微小的波动，说明记忆长度 M 对合作频率影响较小，而 $r = 0.35$ 时，R 为 M 的减函数，$r = 0.48$ 时，R 却变成了 M 的增函数；在平均度 $\langle k \rangle = 8$ 情况下，$r = 0.45$ 成为分界点，当 $r = 0.4$ 和 $r = 0.48$ 时，R 分别表现为随 M 增加时的减小和增加。图中还能发现记忆长度在 r 较大或者较小时对 R 影响较大，而取值 r 为 0.5 附近时，M 对其影响最弱，甚至不起作用。

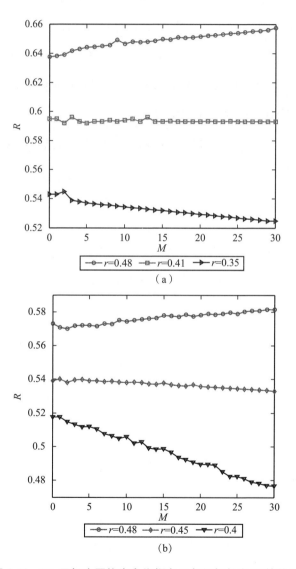

图 4.13　BA 无标度网络中合作频率 R 与记忆长度 M 的关系

因此，在 r 较小时，M 对 R 的影响是积极的，M 的增加有助于提高合作频率，这也说明，当损益比较小时，网络组织的参与方更易于理性，趋向于建立稳定建设项目契约关系；而 r 较大时，M 对 R 的作用却是消极的，M 的增加降低了合作频率，这也在一定程度上说明：当损益比足够大时，参与方开始更多地考虑当期合作的己方利益，开始忽略长期合作的收益，故从项目整体上看，参与方之间更易于趋向不理智，从而导致整体的利益受到损失。

3. 度相关性对合作频率 R 的影响关系。

为定量刻画这种性质，纽曼（Newman，2003）根据 Pearson 相关系数定义了度相关系数。

$$r_k = \frac{(\langle ij \rangle - \langle i \rangle \langle j \rangle)}{(\langle i^2 \rangle - \langle j^2 \rangle)}$$

其中，i 和 j 是网络中每条边两端节点的度，$\langle \cdot \rangle$ 是所有边取平均度。当网络为度同配性（或者度异配性）时，r_k 是正值（或负值），中心节点倾向于选择大节点度（或小节点度）具有相似（或不同的）的连接点作为邻居。当 $r_k = 0$ 时，网络表现中立的度相关性。中心节点随机在网络中选择节点作为邻居，度匹配方面不表现明显的倾向性，这种网络称为度不相关的网络（uncorrelated network）。ER 随机图及 BA 模型等许多经典的网络模型都不表现明显的度相关性。

图 4.14 显示了无标度网络变的同配度混合时，合作频率 R 后的变化情况。从图中可以发现，当损益比 r 较小时，几乎所有参与方都是合作者，合作频率达到最大。当 $r > 0.4$ 时，欺骗者逐渐增多，当同配的度相关系数越大时，合作频率 R 呈现快速下降趋势。业主、设计方、总承包方、生产商等中心节点之间共享过多的邻居，使得管理层次较多，管理成本上升，邻居也会背叛，从而导致中心节点入侵合作中心节点，随着网络变得同配混合，网络

合作湮灭阈值将呈现递减趋势。

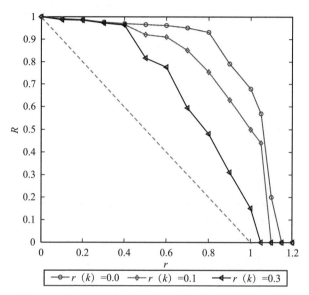

图 4.14　同配网络上合作频 R 随损益比 r 的变化情况

图 4.15 展示了异配网络上雪堆博弈参与方的行为，同样可以发现，当 r 较小时，异配网络的合作频率会低于均匀混合状态的均衡频率 1 − r，这是由于异配网络的中心节点之间相互割裂，初始背叛的中心节点会使项目网络中总存在一些欺骗者造成的。

综上所述，在 BIM 环境下建设项目组织合作关系的雪堆博弈中，中性 BA 网络中心节点对于大度邻居与小度邻居的选择是最合理的，也就是说，各参与方之间既可以保持与少量中心节点相连（项目主要参与方），又与他们共享很少量的邻居（例如咨询师与重要分包商等）。与同配或异配网络相比，中性 BA 网络的合作频率更高，最利于合作的涌现。

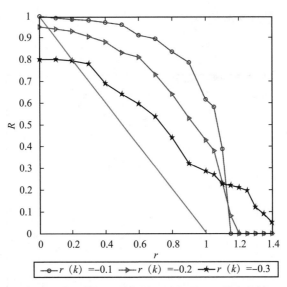

图 4.15　异配网络上合作频 R 随损益比 r 的变化情况

由于 BIM 环境对现有的组织机构提出了新的建设模式，要求参与方转变彼此之间的角色，特别是业主方发挥更大的作用，因此，建立恰当的网络组织结构对建设项目组织合作关系至关重要。当无标度网络中心节点之间倾向于互相连接聚合成团，即网络呈度同配性时，由于中心节点和广大小度节点缺少相互之间的连接，导致中心节点的合作策略不能很好地影响到周围小度节点。一旦中心节点间共享太多的邻居（项目主要参与方过多干涉相关参与方的工作任务），就破坏了中心节点的合作相持能力和独立性，使得欺骗策略很容易在小度节点之间扩散开，从而使网络总体的合作频率呈现下降的趋势。反之，如果无标度网络呈现度异配性时，项目管理开始出现混乱（通常是由于业主的管控能力较低所致），主要参与方之间的联系被切断，会对项目造成较大损害。

第 5 章

基于 BIM 的建设项目团队协作
激励机制分析及仿真

团队协作激励是保障协同管理顺利实现的重要条件，鉴于建设项目组织间形成的合作关系网络，参与方之间的委托代理关系应是多次性、动态性和重复博弈的。BIM 情境下，随着建筑市场竞争的加剧，建立良好的长期合作关系将成为参与各方组织合作关系网络的常态。关系契约激励是团队静态协作激励的基本方式，而动态激励机制关注于参与方基于长期合作的声誉维护，二者的有效结合有助于发挥激励的综合作用。因此，本章着眼于网络结构动态演化过程，建立关系契约显性激励与声誉隐形激励机制的综合动态模型，通过数值仿真，揭示 BIM 情境下多期合作的团队协作激励动态过程和基本规律，提出影响激励效果的相关要素和建议。

5.1　协作激励机制分析

激励是通过引导各自需求和个性的个人或群体，激发人们按一定方式行为，为实现组织的目标而工作，同时也达到自己目标的过程。在博弈论及演化博弈中，激励的含义是机制设计者（委托人）诱使具有私人信息的代理人从自身利益出发而采取行动，以符合委托人的目标要求，是动态发展的。

5.1.1 协作激励的理论内涵

激励理论的研究主要集中在两个方面内容，一是经济学激励机制研究，基于"经济人"假设，形成以不对称信息博弈为基础的委托代理理论；二是管理学激励作用机理研究，打破了"经济人"假设，形成了各种行为主义激励理论。

5.1.1.1 经济学激励理论

1. 经典的激励模型。

最早的激励理论模型化分析方法是由威尔逊（Wilson，1969）、斯彭斯和泽克豪泽（Spence & Zeckhauser，1972）提出的状态空间模型化方法，以此来分析委托代理的问题。他们认为委托人和代理人都是风险规避者或风险中性者，努力的边际负效用是递增的，委托人和代理人的利益冲突首先来自委托人希望代理人多努力、而代理人希望少努力的基本假设。委托人的问题是设计一个激励合同 $S(x)$，然后根据观测到的 x 对代理人进行奖惩，模型的关键在于选择代理人的一个特定行动和 $S(x)$ 最大化期望效用函数，同时要满足来自代理人的两个约束（IR）和（IC）。霍姆斯特罗姆（Holmstrom，1982）提出了分布函数的参数化方法，在不对称信息下最优激励合同的研究中，提出一阶条件方法，得出了激励理论一般模型的最优解。罗杰森（Rogerson，1988）导出了保证一阶条件方法有效性的条件，证明了如果分布函数满足单调似然率特征和凸性条件，将得到激励模型的最优解。这些研究成果为激励理论的发展和完善奠定了基础。

2. 静态与动态改进机制。

鉴于组织内部或者组织间形成的长期合作关系，因而它们之间的委托代理关系一般不是一次性的，而应是多次性、动态的。激励动态改进机制主要表现在以下两个方面：

（1）关系契约。早期关系激励契约的研究，主要关注对称信息结构，研究关系契约与正式契约共同实施时的优势。吉本斯（Gibbons，2005）阐述了企业与员工长期合作的特征，提出应把关系契约作为未来激励机制设计的契约基础。国内学者张维迎（2004）从委托代理理论角度对激励问题进行研究；张军等（2008）研究了合作团队的激励理论；侯光明等（2002）研究了多因素、多阶段以及隐蔽违规行为的激励问题。

（2）声誉机制与棘轮效应。法玛（Fama，1980）认为，在竞争的经营者市场上，从长期来看，经营者必须对自己的行为负完全责任，即使没有显性的激励契约，经营者也会积极性努力工作，以改进自己的声誉，从而提高未来的收入；霍姆斯特罗姆（Holmstrom，1982）将法玛（Fama）的上述思想模型化，形成了声誉效用模型。另一方面，委托人有时试图根据代理人过去的业绩建立评价标准，然而代理人越努力标准也就越高，当代理人预测到他的努力将提高业绩标准时，他的努力积极性也就下降，这种标准随业绩上升的趋向被称为"棘轮效应"。迈耶（Meyer，1997）证明了在声誉效应模型和棘轮效应模型中，引入相对业绩比较后，对激励机制所起的作用截然相反（弱化或强化激励机制）。因此，契约并非是提供激励的唯一机制，声誉（或棘轮）的市场效用提供了超越契约安排的激励机制。

5.1.1.2　管理学激励理论

按照研究激励问题的侧重不同及与行为关系的不同，管理学激励理论可归纳划分为内容型、过程型和综合型等。

（1）内容型激励理论。主要研究激励诱因和激励因素的具体内容，也称需要理论，主要包括：需要层次理论、成就需要理论、ERG 理论和双因素理论。

（2）过程型激励理论。着重研究如何由需要引起动机、由动机引起行为、由行为导向目标，主要包括：期望理论、公平理论、目标设置理论和强化理论。

（3）综合型激励理论。将某几种激励理论进行结合，以期对人的行为得出更为全面的解释。这类激励理论主要包括：绩效—满足感理论、激励力量模型和绩效手段期望理论。

5.1.2　BIM 情境下的激励作用机理

从已有的文献资料和项目实践可以看出，有效解决有委托人的组织协同问题主要有两种研究思路。一是引入监督者，即让委托人成为剩余索取人并监督工人是否合作；二是通过适当的激励机制加以解决。自阿尔钦和德姆塞茨（Alchian & Demsetz，1972）提出团队生产理论之后，项目团队激励已成为激励理论的一个重要分支，有别于个体激励，项目团队激励关键问题是参与方的协同问题，有效的激励能够促进团队各参与方之间的互助合作。

在 BIM 情境下，BIM 模型信息共享是建设项目管理的基础，它需要全体参与主体的积极参与。然而，进行信息共享需要付出一定的成本，信息共享失败会给参与方造成较大的风险。如果我们将核心企业（业主方）看作是一个项目团队的"委托方",可以将其他参与方看作是"代理方"。由于业主方一般扮演组织者的角色,在项目 BIM 价值利益的分割中,通常占有最大的份额,因此业主方是积极 BIM 信息共享,但其他各参与方尤其是利益份额比例很少的参与方,在信息共享的投入方面完全可能存在机会主义行为。因此,建立一种激励机制,在不改变信息结构的情况下,通过委托方对代理方实施利益协调和让渡,来激励各参与方在信息共享投入的努力水平,从而有效解决可能发生的道德风险问题。

基于以上考虑,在建设项目中可以建立 BIM 模型信息共享的激励模型,以此来说明激励的作用机制及过程(相关参数见表 5.1)。

表 5.1 信息共享的激励模型作用激励参数及含义

参数符号	参数的含义
t	表示相关参与方的信息共享努力水平($t \geq 1$),当 $t = 1$ 表示未作任何努力
$\pi(t)$	表示 BIM 信息共享所带来的产出
ε	表示影响产出的随机因素,$\varepsilon \sim N(0, \delta^2)$
k	称为产出系数,有 $k > 0$
$c(t)$	表示相关参与方信息共享努力所付出的成本
λ	相关参与方信息共享努力的成本系数,有 $\lambda > 0$
S	表示相关参与方的收益
α	表示初始报酬(相关参与方得到的固定收入),与 $\pi(t)$ 无关
β	为激励强度($0 \leq \beta \leq 1$),$\beta = 1$ 意味着相关参与方承担全部风险和收益
ρ	表示相关参与方的绝对风险规避度,为常数
F	表示相关参与方的风险成本
EV	表示业主方的期望效用
ω	表示相关参与方的实际收益
$E\omega$	表示相关参与方的确定性等价收益,最大化期望效用

假设 BIM 信息共享所带来的产出 $\pi(t)$，是努力水平 t 的对数函数：

$$\pi(t) = k\ln t + \varepsilon \tag{5.1}$$

因此，有：$\pi(t) > 0$；$\pi'(t) = \dfrac{k}{t} > 0$；$\pi''(t) = -\dfrac{k}{t^2} < 0$

这表明随着努力水平的提升，产出越大，努力水平越高，提升产出水平越困难，这样的假设显然是比较符合实际情况的。但在目前对激励监督机制的研究中，产出函数多数被简单的描述为线性关系，与实际情况存在一定的偏差。

相关参与方在 BIM 信息共享方面的努力当然也是需要付出成本的，为此，我们假设成本函数的形式为：

$$c(t) = \lambda t^2 \tag{5.2}$$

暂时不考虑随机因素对成本的影响，会有：$c(t) > 0$；$c'(t) = 2\lambda t > 0$；$c'' = 2\lambda > 0$。这表明随着努力水平的提升，需要付出的成本越大，努力水平越高，提升所需要的成本越大，这样的假设同样是符合实际情况的。

为了激励相关参与方对信息共享投入的积极性，业主方需要给相关参与方提供一定的激励报酬合同或者额外补贴。对激励机制的研究大多采用线性合同的方式（Holmstrom，1987），其形式如下：

$$S(\pi(t)) = \alpha + \beta\pi(t) = \alpha + \beta(k\ln t + \varepsilon) \tag{5.3}$$

假设业主方是风险中性的，而相关参与方是风险规避性的。用常数 ρ 来定义相关参与方的绝对风险规避度，根据张维迎（1997）的研究结论，相关参与方的风险成本 F 为：

$$F = \frac{1}{2}\rho\,\mathrm{var}(S) = \frac{1}{2}\rho\beta^2\delta^2 \tag{5.4}$$

在上述假设条件下，解得业主方的期望效用等于其期望收益：

$$FV(\pi - S(\pi)) = E(\pi - \alpha - \beta\pi) = -\alpha + (1-\beta)k\ln t \tag{5.5}$$

相关参与方的实际收益为：

$$\omega = S(\pi(t)) - c(t) = \alpha + \beta(k\ln t + \varepsilon) - \lambda t^2 \qquad (5.6)$$

而在风险规避条件下，其确定性等价收益为：

$$E\varpi = E\omega - F = \alpha + \beta k\ln t - \lambda t^2 - \frac{\rho\beta^2\delta^2}{2} \qquad (5.7)$$

由于代理人（相关参与方）最大化期望效用等价于最大化确定当量，故以上述的确定性等价收入替代期望效用。这样，需要建立的激励监督机制实际上就是求解下列公式（5.8）最优化问题，获得需要的 α，β，t 的值。

$$\begin{cases} \max EV(\pi - S(\pi)) = E(\pi - \alpha - \beta\pi) = -\alpha + (1-\beta)k\ln t \\[2mm] s.t. \quad (IR): \ \alpha + \beta k\ln t - \lambda t^2 - \frac{\rho\beta^2\delta^2}{2} \geq \bar{\mu}_0 \\[2mm] (IC): \ t\epsilon \text{argmax}\left(\alpha + \beta k\ln t - \lambda t^2 - \frac{\rho\beta^2\delta^2}{2}\right) \end{cases} \qquad (5.8)$$

其中：$\bar{\mu}_0$ 为相关参与方的保留效应，表示各参与方不接受激励合同的时候能够获得的最大收益。同时，根据吴伟文等（Wu et al.，2006）的研究结论，IC 条件可以用其等价的一阶导数等于零来代替。

通过上述的分析可以看出，要想保持激励有效性和稳定性，BIM 模型信息共享所带来的收益要足够高，而信息共享的投入成本要足够的低，否则成员企业将没有兴趣进行信息共享方面的任何努力。结合 BIM 技术的在建设项目案例中应用情况，业主方为了保证实现 BIM 模型的信息共享及协同管理，通常会在招标合同中将 BIM 的费用与条款单列，通常称为业主补贴。特别在 BIM 成熟度的 Pre-BIM 阶段和 BIM 阶段 1，此部分补贴费用通常较高，便于调动项目团队参与各方的积极性。

5.1.3　协作激励机制的动态变迁过程

随着相关理论的飞速发展，特别是信息经济学将动态多期博弈理论引入委托代理问题研究的相关内容，证实了在多期重复博弈代理关系的情况下，基于关系契约和声誉的长期的动态激励机制能够发挥激励代理人的作用。通过在项目团队成员之间引入声誉机制与显性机制相结合的最优动态契约模型机制，可以有效地激励项目团队成员积极投入，克服联合生产中的道德风险问题，实现有限的帕累托最优（段永瑞等，2012）。

1. 显性契约收益激励机制。

激励驱动行为。激励的难点在于绩效的测量标准无法保持清晰准确的定义，随着建设项目复杂性和不确定性的增加，也许最简单的项目，即使是最"客观"的性能指标也往往是不适当的。因此，契约激励机制创造显著的缔约双方之间的合约纠纷。

在显性激励机制方面，国内外学者主要从项目团队成员薪资收益结构、项目团队分享对项目团队成员的激励、基于项目团队工作绩效测评的激励等方面进行研究。伊伦布施等（Irlenbusch et al.，2008）采用实验方法，研究了对项目团队中高贡献者实施项目团队基础薪酬和额外相对薪酬组合方式所产生的激励效果，发现竞赛式竞争会对项目团队内产生的自愿合作行为产生挤出效应；班伯格等（Bamberger et al.，2009）通过实验室研究，针对项目团队薪酬特征对个体给予其他项目团队成员帮助行为数量和类型的影响进行了研究，认为分配规则（平等性和公平性）和激励强度是二个关键特征。国内学者常涛等（2008）认为实施项目团队利益共享激励计划可以有效地促进项目团队知识共享；王艳梅等（2008）通过比较员工独立工作与二人项目团队工作的委托代理模型，认为项目团队协作是否优于个人单独工作取决于合作的协同系数、外生随机变量的方差、成员的风险规避度及努力成本系数。

2. 隐性声誉激励机制。

声誉可以理解成为获得长远利益而自觉遵守合约的一种承诺。从经济学观点来看，声誉是合作伙伴在合作过程中对对方未来行为产生的一种心里预期，它产生于合作伙伴以往在同类情景下的行为表现，是过去重复性活动的积累效应。

在隐性激励机制方面，很多国内外学者从考虑声誉机制以及合作方的压力等方面进行了研究。米尔格罗姆和罗伯茨（Milgrom & Roberts，1982）最早用重复博弈模型对声誉的激励作用进行了研究，所构建的 KMRW 声誉模型成为后来重复博弈模型的经典文献；奥里奥尔等（Auriol et al.，2002）假定项目团队成员的工作行为包括自我劳动和帮助劳动，发现项目团队成员自我劳动的显性激励因职业声誉的存在而相应降低，帮助劳动则受到隐性拆台的激励影响。国内学者蒲勇健等（2007）研究了不同项目团队构建方式对隐性激励的影响，表明新老员工搭配是一种能够提供较大的隐性激励项目团队的构建方式；王艳梅等（2008）利用委托代理理论建立模型，分析了不同的压力类型对项目团队成员均衡的努力选择以及管理者最优激励系数设置的影响。

5.1.4　团队协作激励仿真对象与仿真模型的相似性分析

BIM 为参与各方提供了良好的协作平台。参与各方为获取多期的最大整体利润，会参照业主方的关系契约及其他参与方的协作意愿，考虑个体声誉因素，选择动态的努力行为水平。业主方可以根据各参与方的努力水平，制定下期的显性契约。本研究利用效用函数来描述上述参与方的激励行为，二者具有较强的相似性。通过模仿团队协作的激励过程，对参与方个体的自然特征、声誉程度及博弈行为进行科学假设，建立二阶段最优契约模型，利用Matlab 进行数值分析求得最优解，着重分析了收益激励系数、讨价还价能力、团队协作收益、努力程度、协同效应以及协作水平等相关参数之间的相互关系，并通过数值模拟，揭示了期望效用函数的变化趋势。

5.2 基于 BIM 的建设项目协作激励模型构建

在单阶段委托代理关系中，理性的代理人往往采取机会主义行为追求自身收益的最大化，除非有可行的显性激励契约的激励约束，否则其结果只能是"非合作博弈均衡"。项目业主与承包商等代理人之间呈现出长期多阶段合作趋势，基于声誉的隐性激励约束因素为建立长期合作关系提供了保障。但是由于隐性激励只能作为显性激励的一个不完备的替代，仅靠声誉激励机制很难对代理人起到足够的激励作用。为了论证这一假设，本章通过构建一个隐性声誉激励机制与显性收益激励机制相结合的动态激励契约模型，分析基于 BIM 建设项目参与方信息共享过程中隐性声誉激励因素对代理人的激励效应，并重点探讨隐性声誉激励机制效应发挥的有效均衡条件和相关要求。

5.2.1 协作激励动态过程分析

1. BIM 技术协同的声誉动态激励原理。

在建设项目的生命周期中，项目业主（或业主委托的项目管理公司）与代理方（设计方、施工方、构件制造方等）之间存在委托代理契约关系，为了保证项目目标的顺利实现，在项目的不同阶段，随着参与者参与的不断深入和 BIM 成熟度的不断发展，建立良好的长期合作关系将成为建筑业企业发展关系的常态。因此，激励机制也应是动态的，应及时调整，以适应建筑市场和建设项目环境的变化。良好声誉是其获得长期利益的基础，也是一种博弈的均衡结果。在建设项目市场环境中上，参与方的声誉（特别是 BIM 技术的应用能力）是其长期成功技术合作的结果，也是 BIM 参与方拥有有效技术供给能力的一种重要体现，声誉机制作为建设项目市场中重要的信息披露机制，是解决信息不对称问题的特别契约形式之一，成为显性合约的替代品。

在建设项目的技术合作市场上，如果合作是一个多期的，BIM 参与方为了自身长期效用最大化，在合作期结束以前一直保持合作行为，目的是建立一个良好的合作声誉。所以，动态激励机制就是注意到了 BIM 参与方基于长期合作的声誉维护，起到了增强激励效应的作用。从短期来看，如果合作是一次性博弈过程，声誉的贴现价值为零，BIM 参与方的机会主义行为是最优选择，在均衡条件下，合作过程无法长期进行；从长期来看，即考虑持久合作，双方的合作过程重复博弈的过程，此时双方要从不断重复的合作中获得收益，这些收益的贴现值可以理解为声誉价值的机会成本，因此，声誉的贴现值大于零，故 BIM 参与方的机会主义行为就不是最优选择，这正是动态激励的作用机理的表现。

2. 声誉激励机制的动态过程分析。

虽然加德和杜布瓦（Gadde & Dubois，2010）从建设项目的相关属性及建筑业交易竞争体制等多个方面分析了伙伴关系模式在建筑业内的实施障碍，指出近期内在建筑行业内完全实施战略性伙伴关系这一模式并不现实。但对于建筑市场和工程项目实施过程中的承包商、监理单位、设计单位等代理方而言，声誉激励机制的作用机理在于良好声誉增强了其在未来市场竞争中讨价还价的能力或市场竞争能力，从而促使其提高当前努力水平和当前业绩。同时，当前业绩的改善又可以提高其声誉水平或其资质能力预期。这是一个基于多阶段的螺旋式提升和不断循环的动态过程，如图5.1所示。

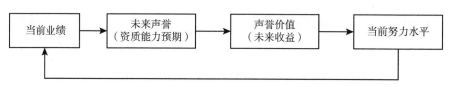

图 5.1　声誉激励机制的动态过程

资料来源：陈建华，2008。

以业主项目管理公司和承包商二元参与主体为例。将双方在该项目中的合作期划分为 T 个阶段，因为项目业主在每一阶段起点对承包商的资质能力（反映声誉）有一个估计值，即对其资质能力的先验期望值，并根据前一阶段承包商的业绩和努力水平来预期承包商的资质能力，预期值是能力的先验期望值与观测值的加权平均，据此调整和确定该阶段的激励契约（依据能力预期值对后期产出的影响大小调整固定收入部分，激励收入则依赖于当期业绩）。其中，第 $T-1$ 阶段的努力程度只影响第 T 阶段的收益；第 $T-2$ 阶段的努力程度影响第 $T-1$ 阶段和第 T 阶段的收益；而第 1 阶段的努力程度影响以后所有的 $T-1$ 个阶段的收益。所以，承包商从自身利益最大化角度出发，在其中的每一阶段都会考虑当前努力水平和业绩对以后各期的资质能力预期或声誉的影响。在此，考虑两个阶段（$T=2$）、三个时点的情形（见图5.2），可以在此基础上，将基于单一项目的两阶段情形扩展到基于建筑代理人市场的无限期 $T\rightarrow+\infty$ 的情形。

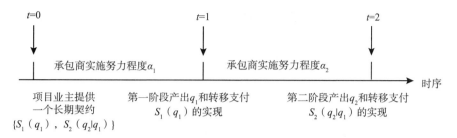

图 5.2　考虑声誉因素的动态激励模型时序

资料来源：陈建华，2008。

在两阶段激励博弈过程中：（1）在 $t=0$ 时（即第一阶段起点），项目业主提供第一阶段的阶段性激励契约。承包商选择接受契约与否，如果不接受，则第一阶段博弈结束；如果接受，则承包商选择第一阶段努力水平。（2）在 $t=1$ 时，有第一阶段产出，承包商得到第一阶段转移支付。项目业主观测到第一阶段产出后，推断承包商的资质能力或声誉并据此确定第二阶段的阶段性激励契约；承包商选择接受契约与否，如果不接受，则该阶段博弈结束；如果接受，则承包商选择第二阶段努力水平。（3）在 $t=2$ 时，有第二阶段产出，承包商得到第二阶段的转移支付。

5.2.2　基本假设与符号设定

基于以上分析，基于 BIM 的建设项目团队协作激励的相关假设如下：

假设 1：建设项目中有除业主之外的 n（$n \geqslant 2$）个团队参与主体，他们具有相同的产出函数、努力成本函数和风险规避程度，且都是理性的期望效用最大化者。业主是委托人，其他团队成员是代理人。

假设 2：整个激励分为 2 个阶段，每个阶段业主都将会与相关参与方重新谈判签订契约。各阶段参与方 i 的产出（指适合衡量员工业绩产出的指标，可以理解为工期或质量等目标改善程度，如进度提前、质量水平提高程度等）函数为：

$$x_{ti} = \eta_{ti} + e_{ti} + \tilde{e}_{tji} + \varepsilon_{ti} \tag{5.9}$$

式中：x_{ti}——参与方 i 在第 t 期的产出；

e_{ti}——为货币化了的参与方 i 在第 t 期的努力水平；

$\tilde{e}_{tji} = \sum\limits_{j=1,j\neq i}^{n} e_{tji}$ ——第 t 期参与方 i 从其他参与方 j 获得的所有努力或消极努力；

η_{ti}——参与方 i 在第 t 期的资质能力，本研究中专指参与方 i 对 BIM 技术的能力水平（BIM 成熟度水平），并假定在某阶段保持水平不变，$\eta_{ti} \sim N(0, \tau\sigma^2)$；

ε_{ti}——表示环境的随机影响（例如 BIM 技术的不同发展水平或者 BIM 技术的不断完善发展），与 η_{ti} 相互独立；$\varepsilon_{ti} \sim N(0, (1-\tau)\sigma^2)$，且 $\text{cov}(\varepsilon_{ti}) = 0$，$t = 1$、$2$。

假设 3：时期 t 内整个项目的产出为：

$$X_t = S\sum\limits_{i=1}^{n} x_{ti} \tag{5.10}$$

式（5.10）中，S 为因 BIM 的信息共享所产生的协同效应，合作频率适中时，$S > 1$，合作频率过小时，$0 < S < 1$。

假设 4：时期 t 内参与方 i 的努力分为两部分：用于个体参与方职责范围内工作的努力 e_{ti} 和帮助参与方 j 的努力 e_{tij}。假设参与方 i 在 t 时期努力成本为：

$$C_{ti} = \frac{1}{2}k\left(e_{ti}^2 + \sum\limits_{j=1,j\neq i}^{n} e_{tij}^2\right) \tag{5.11}$$

式中：k——边际成本系数（$k>0$）。

需要说明的是，该参与方努力成本函数的假设，是参考了经济学中基于效用理论的经典理论假设；同时，相关同类实证研究和数据拟合结果也显示实际项目实施过程中也往往存在这样一种指数函数关系，函数 C_{ti} 为严格单调凸函数（$C'>0$，$C''>0$），也就是说，参与方的努力水平越高，努力的成本越大，则边际成本递增。

假设 5：业主方是风险中性的，具有按阶段可加可分的效用函数 V，且 V 是其他参与方努力水平的严格单调递增凹函数。效用满足：$V[E(X)]=E[V(X)]$，$V'>0$，$V''=0$。

另外，其他各参与方是风险规避的，特别地，假定其负效用函数具有不变绝对风险规避特征，在状态上和时间上满足可加性，即 $V=-\exp(-\rho\omega)$。其中：ω 为各参与方的实际货币收入，ρ 为各参与方的风险规避度量（$\rho>0$），即 Arrow-Pratt 绝对风险规避度。其效用函数满足：$U[E(X)]=E[U(X)]$，$U'>0$，$U''<0$。

假设 6：参与方 i 所获得 t 时期的阶段性收入取决于相应阶段业主提供的激励强度 β_{ti} 和业主观测到的反映各参与方努力水平的产出量 x_{ti}。线性契约形式为：

$$w_{ti}=\alpha_{ti}+\beta_t x_{ti}+\lambda_t X_t \tag{5.12}$$

式中：α_{ti}——第 t 阶段契约中业主方支付给参与方 i 的固定收入；

β_t——第 t 阶段契约中业主对参与方 i 提供的激励系数；

λ_t——参与方的因 BIM 协同使用而产出的分享系数（$0\leqslant\lambda_{ti}<1$），该产出分项系数与 BIM 技术的使用成熟度存在正向关系，分享系数越大，说明组织整体 BIM 技术的应用水平越高。

该显性契约与一般显性契约不同的是，当引入声誉机制后，参与方 i

的资质或技术能力是不确定的，业主方（即委托人）第二期时，通过观察第一期产出 x_{1i} 来预期各参与方的资质能力，进而确定 w_{2i}，而各参与方则可以通过 e_{1i} 对 x_{1i} 作用来影响这种预期，所以第一期努力水平不仅影响到当期收益，同时影响到第二期及以后的收益，从而促使各参与方对自己当期行为负责。

5.2.3 基于声誉因素的两阶段最优动态激励契约模型

5.2.3.1 第二阶段最优激励契约模型

1. 业主方与其他参与方的努力水平及确定性收入。

由假设 1 ~ 假设 6，可得：

$$\text{var}(x_{ti}) = \sigma^2 \tag{5.13}$$

$$E(\eta_i \mid x_{1i}) = (1 - \tau) E(\eta_i) + \tau(x_{1i} - \hat{e}_{1i} - \hat{\bar{e}}_{1ji})$$

$$= \tau(x_{1i} - \hat{e}_{1i} - \hat{\bar{e}}_{1ji}) \tag{5.14}$$

$$E(x_{2i} \mid x_{1i}) = (\hat{e}_{2i} - \hat{\bar{e}}_{2ji}) + \tau(x_{1i} - \hat{e}_{1i} - \hat{\bar{e}}_{2ji}) \tag{5.15}$$

$$\text{var}(x_{2i} \mid x_{1i}) = (1 - \tau^2)\sigma^2 \tag{5.16}$$

$$\tau = \frac{\text{var}(\eta_i)}{\text{var}(\eta_i) + \text{var}(\varepsilon_{ti})} \tag{5.17}$$

式（5.14）和式（5.15）中：

$\hat{e}_{ti}$——业主方对参与方 i 第 t 期的努力水平的推测值；

$\hat{\bar{e}}_{tji} = \sum_{j=1, j \neq i}^{n} \hat{e}_{tji}$——业主方对参与方 i 第 t 期从其他参与方得到的所有积极或消极努力的推测值。

在理性预期的假设下，在均衡时各参与方的实际选择的努力水平 $e_t = \hat{e}_t$，同理，在均衡时各参与方其他参与方得到的所有积极或消极努力的推测值 $\tilde{e}_{tji} = \hat{e}_{tji}$。于是在第二阶段开始时，第一阶段产出已经被观测到，即 $\eta_i + \varepsilon_{1i} = x_{1i} - \hat{e}_{1i} - \hat{e}_{1ji}$ 据此可以推断出 η_i，得到：

$$\tau = \frac{\mathrm{var}(\eta_i)}{\mathrm{var}(\eta_i) + \mathrm{var}(\varepsilon_{ti})} = \frac{\mathrm{var}(\eta_i)}{\mathrm{var}(x_{1i})} = \frac{\mathrm{var}(\eta_i)}{\sigma^2}$$

假定贴现率为 δ，且 $\delta > 0$，则参与方 i 和业主方的效用函数分别为 U_{Ai}、U_P，则有：

$$U_{Ai} = -\exp\{-\rho[w_{1i} - C_{1i} + (w_{2i} - C_{2i})\delta]\}$$

$$U_P = X_1 - \sum_{i=1}^{n} w_{1i} + \left(X_2 - \sum_{i=1}^{n} w_{2i}\right)\delta$$

由于风险中性者的确定性等价收入等于随机收入的均值，风险规避者的确定性等价收入等于随机收入的均值减去风险成本，则风险规避的参与方 i 的确定性等价收入为：

$$Z_{Ai} = E(w_{1i}) - C_{1i} + [E(w_{2i}) - C_{2i}]\delta - \frac{1}{2}\rho\mathrm{var}(w_{1i} + w_{2i}\delta)$$

同理，风险中性的业主方的确定性等价收入为：

$$Z_P = E(X_1) - E\left(\sum_{i=1}^{n} w_{1i}\right) + \left[E(X_2) - E\left(\sum_{i=1}^{n} w_{2i}\right)\right]\delta$$

2. 模型的委托方与代理方的博弈过程。

业主方（委托人）与参与方（代理人）i 之间的博弈顺序为：

（1）业主方提供阶段性契约，首先确定第 1 期的契约，即决定 α_{1i}、β_{1i} 和 λ_{1i}。

（2）参与方 i 选择接受契约与否，若否，则博弈结束；若接受，则参与方 i 选择 e_{1i} 和 e_{1ij}。委托代理双方均能观察到 x_{1i}，但 e_{1i} 和 e_{1ij} 却是私有信息。

（3）在观察到 x_{1i} 后，业主方推断参与方 i 的能力，并决定第 2 期的契约

α_{2i} 和 λ_{2i}。此时，参与方 i 具有讨价还价的能力 $f_i \in [0, 1]$。

（4）参与方 i 选择 e_{2i} 和 e_{1ij}，产出为 x_{2i}，获得 w_{2i}。

其中，在两阶段的激励问题上，业主方和参与方 i 之间的博弈可以描述为：则在第 t 阶段，业主方对参与方 i 的激励机制决策问题就是在满足参与方的个人理性约束（IR_{ti}）和激励相容约束（IC_{ti}）的条件下选择 α_{ti}、β_{1i} 和 λ_{ti}，以实现企业期望效用最大化，即其确定性等价收入 Z_P 最大化，而参与方则通过选择恰当的 e_{ti} 和 e_{tij} 以最大化其收益。据假设 3 和式（5.12），则有：

$$\max_{\alpha_t, \lambda_t, e_{1i}, e_{1ij}} Z_P = S \sum_{i=1}^{n} (e_{1i} + \tilde{e}_{1ji}) - E\left(\sum_{i=1}^{n} w_{1i}\right) +$$

$$\left[S \sum_{i=1}^{n} (e_{2i} + \tilde{e}_{2ji}) - E\left(\sum_{i=1}^{n} w_{1i}\right) \right] \delta \qquad (5.18)$$

3. 最优契约模型。

最优契约的确定必须满足以下约束：

（1）参与约束（IR）。第 1、2 期初始时，参与方 i 从契约所得到的确定性等价收入分别不低于保留收入 $\bar{\mu}_{ti}$（在理性条件下，确定性等价收入 $Z_{Ai} = \bar{\mu}_{ti}$，$\bar{\mu}_{ti}$ 为宜外生常数，通常取建筑行业的经验值）。但在第 2 期初始，其保留收入会受到第 1 期业绩 x_{1i} 的影响，良好的业绩将提高参与方的讨价还价的能力 f_i，从而有助于改善其外部选择机会。所以，参与约束包括参与方在 2 个阶段的参与约束（IR_1）$Z_{Ai} = \bar{\mu}_1$ 和（IR_2）$Z_{A2i} = \bar{\mu}_2$。

$$(IR_1) Z_{Ai} = E(w_{1i}) - \frac{1}{2}k\left(e_{1i}^2 + \sum_{j=1, j\neq i}^{n} e_{1ij}^2\right) + \left[E(w_{2i}) - \frac{1}{2}k\left(e_{2i}^2 + \sum_{j=1, j\neq i}^{n} e_{2ij}^2\right) \right]\delta$$

$$- \frac{1}{2}\rho \text{var}(w_{1i} + w_{2i})\delta \geqslant \bar{\mu}_1 \qquad (5.19)$$

$$(IR_1) Z_{A2i} = E(w_{2i} | x_{1i}) - \frac{1}{2}k\left(e_{2i}^2 + \sum_{j=1, j\neq i}^{n} e_{2ij}^2\right) - \frac{1}{2}\rho \text{var}(w_{2i} | x_{1i}) \geqslant \bar{\mu}_2$$

$$(5.20)$$

此外，还应满足下式约束 IR_3

$$(IR_3) \sum_{i=1}^{n} Z_{Ai} = m + f_i \left(\sum_{i=1}^{n} Z_{A2i} + Z_{P2} \right) \tag{5.21}$$

式中：m——常数；

Z_{A2i}——参与方 i 在第 2 期的确定性等价收入；

Z_{P2}——业主方在第 2 期的确定性等价收入。

（2）激励相容约束（IC）。

最优契约的确定还要满足 2 个时期的激励相容约束，即 2 个时期初始时，项目参与方 i 选择 e_{ti} 和 e_{tij}（$t = 1$，2）最大化其确定性等价收入，即应满足（IC_1）e_{1i}，$e_{1ij} \in \arg \max Z_{Ai}$ 和（IC_2）e_{2i}，$e_{2ij} \in \arg \max Z_{A2i}$。此外，因为本研究中假设第 2 期是最后一期，该期的业绩不会影响到代理人以后的报酬，在第 2 期契约给定的前提下，代理人选择 e_{2i}，e_{2ij}，谋求最大化当期确定性等价收入。

同样，委托人在第 2 期初始，是在第 1 期信息的基础上设立当期契约，同时还要满足代理人的参与约束（IR_2），以最大化其第 2 期的确定性等价收入 Z_{P2}。

（3）确定性等价收入 Z_P 模型的建立与分析。

综上所述，可以建立模型如下：

$$\max_{\substack{\alpha_t, \beta_t, \lambda, e_{ti}, e_{tij} \\ t = 1, 2}} Z_P = S \sum_{i=1}^{n} (e_{1i} + \tilde{e}_{1ji}) - \frac{1}{2} k \sum_{i=1}^{n} \left(e_{1i}^2 + \sum_{j=1, j \neq i}^{n} e_{1ij}^2 \right)$$

$$+ \left[S \sum_{i=1}^{n} (e_{2i} + \tilde{e}_{2ji}) - \frac{1}{2} k \sum_{i=1}^{n} \left(e_{2i}^2 + \sum_{j=1, j \neq i}^{n} e_{2ij}^2 \right) \right] \delta$$

$$- \frac{1}{2} \rho \sum_{i=1}^{n} \text{var}(w_{1i} + w_{2i}) - n \bar{\mu}_1 \tag{5.22}$$

$$
\text{s.t.}
\begin{cases}
(IR_3) \sum_{i=1}^{n} Z_{A2i} = f_i \left(\sum_{i=1}^{n} Z_{A2i} + Z_{P2} \right) \\[3mm]
(IR_2) \max Z_{A2i} = E(w_{2i} \mid x_{1i}) - \frac{1}{2}k\left(e_{2i}^2 + \sum_{j=1,\,j\neq i}^{n} e_{2ij}^2\right) - \frac{1}{2}\rho \operatorname{var}(w_{2i} \mid x_{1i}) \geqslant \bar{\mu}_2 \\[3mm]
(IC_1) \max_{e_{2i},\, e_{2ji}} Z_{Ai} = E(w_{1i}) - \frac{1}{2}k\left(e_{1i}^2 + \sum_{j=1,\,j\neq i}^{n} e_{2ij}^2\right) - \frac{1}{2}\rho \operatorname{var}(w_{1i} + w_{2i}\delta) + \\[3mm]
\left[E(w_{2i}) - \frac{1}{2}k\left(e_{2i}^2 + \sum_{j=1,\,j\neq i}^{n} e_{2ij}^2\right) \right]\delta \\[3mm]
(IC_3) \max_{\alpha_2,\, \lambda_2} Z_{P2} = S \sum_{i=1}^{n} (e_{2i} + \tilde{e}_{2ji}) - \frac{1}{2}k \sum_{i=1}^{n} \left(e_{2i}^2 + \sum_{j=1,\,j\neq i}^{n} e_{2ij}^2\right) - \\[3mm]
\frac{1}{2}\rho \sum_{i=1}^{n} \operatorname{var}(w_{2i} \mid x_{1i}) - n\bar{\mu}_2
\end{cases}
$$

$$(5.23)$$

因此，根据式（5.10）、式（5.13）和式（5.16），可得：

$$\operatorname{var}(w_{1i}) = (\beta_2 + n\lambda_1 S^2)\sigma^2$$

$$\operatorname{var}(w_{2i} \mid x_{1i}) = (\beta_2^2 + n\lambda_2^2 S^2)(1 - \tau^2)\sigma^2 \qquad (5.24)$$

$$\operatorname{var}(w_{1i} + w_{2i}\delta) = (\beta_1^2 + n\lambda_1 S^2)\delta^2 + (\beta_2^2 + n\lambda_2^2 S^2)(1 - \tau^2)\sigma^2\delta^2$$

$$+ (\beta_1\beta_2 + \lambda_1 S\beta_2 + \lambda_2 S\beta_1 + n\lambda_1\lambda_2 S^2)\tau\sigma^2 \qquad (5.25)$$

其中：

$$\bar{\mu}_2 = m + f_2(Z_{A2i} + Z_{P2}) = m + f_2(Z_{A2i} + Z_{P2}) = [E(w_{2i}) - C_{2i}]\delta - \frac{1}{2}\rho \operatorname{var}(w_{1i} + w_{2i}\delta)$$

$$+ \left[E(X_2) - E\left(\sum_{i=1}^{n} w_{2i} \right) \right]\delta = m + f_2\{\alpha_{2i} + \beta_2(e_{2i} + \tilde{e}_{2i})$$

$$+ (\lambda_2 + 1)S \sum_{i=1}^{n} (e_{2i} + \tilde{e}_{2ji}) + (\beta_2\tau + \lambda_2 S)(\eta_{2i} + \varepsilon_{2i})$$

$$- k\left(e_{2i}^2 + \sum_{j=1,\,j\neq i}^{n} e_{2ij}^2\right) - \rho[\beta_2^2 + n\lambda_2^2 S^2](1 - \tau^2)\sigma^2\}$$

$\bar{\mu}_2$ 为第二阶段承包商期望保留效用（外生常量），表示承包商不接受激励合同时能够获得的最大收益。显然，承包商在第二阶段保留效用的大小受到其第一阶段业绩即产出的影响，因为第一阶段商的产出会增强承包商在第二阶段签约谈判中的讨价还价能力（f_2 增大），从而改善其外部选择机会。

将式（5.12）、式（5.14）和式（5.15）代入式（5.20）中的 Z_{A2i} 中，可得：

$$Z_{A2i} = \alpha_{2i} + \beta_2(e_{2i} + \tilde{e}_{2ji}) + \lambda_2 S \sum_{i=1}^{n} (e_{2i} + \tilde{e}_{2ji}) + \beta_2 \tau(x_{1i} - \hat{e}_{1i} - \hat{e}_{1ji})$$

$$+ \lambda_2 S \tau \sum_{i=1}^{n} (x_{1i} - \hat{e}_{1i} - \hat{\tilde{e}}_{1ji}) - \frac{1}{2} k \left(e_{2i}^2 + \sum_{j=1, j \neq i}^{n} e_{2ij}^2 \right)$$

$$- \frac{1}{2} \rho [\beta_2^2 + n\lambda_2^2 S^2](1 - \tau^2)\sigma^2 \tag{5.26}$$

由式（5.26）可以容易验证，由于 $\dfrac{\partial^2 Z_{A2i}}{\partial^2 e_{2i}} < 0$，$\dfrac{\partial^2 Z_{A2i}}{\partial^2 e_{2ij}} < 0$，$Z_{A2i}$ 是关于 e_{2i} 和 $e_{2ij}(j \neq i)$ 的规划严格凹函数，当该式达到均衡时，由最优化的一阶条件，参与方 i 在第 2 期的最优努力程度为：

$$\left. \begin{array}{l} e_{2i}^* = \dfrac{\beta_2 + \lambda_2 S}{k} \\[3mm] e_{2ij}^* = \dfrac{\lambda_2 S}{k} \ \forall j \neq i \end{array} \right\} \tag{5.27}$$

从式（5.27）可知，第 2 期参与方 i 的最优努力水平 e_{2i}^* 取决于当期激励系数 β_2 以及团队分享系数 λ_2，而 e_{2ij}^* 仅取决于团队分享系数 λ_2，这也验证了 e_{2ij}^* 是因为团队参与方之间的相互协同而产生的行为努力水平。因为是末期，所以不受声誉机制的约束。故在末期声誉机制不会对团队发挥有效的激励作用。而且也表明，在多阶段动态激励的最后阶段或单阶段的静态激励问题中，相关参与方的讨价还价能力并不影响激励系数，只影响其固定收入，这与上文中的结论也是一致的。

将式（5.18）~式（5.20）代入式（5.23）中，可以解得 α_{2i}，即：

$$\alpha_{2i} = \frac{1}{n}\left\{ m + (f_iS - \beta_2 - \lambda_2S)\sum_{i=1}^{n}\left[(\hat{e}_{2i} + \hat{\hat{e}}_{2ji}) + E(\eta_i \mid x_{1i})\right] \right.$$

$$\left. + \frac{1}{2}k(1-f_i)\sum_{i=1}^{n}(\hat{e}_{2i} + \hat{\hat{e}}_{2ji}) + \frac{1}{2}\rho(1-f_i)\sum_{i=1}^{n}\mathrm{var}(w_{2i} \mid x_{1i}) \right\}$$

$$(5.28)$$

在此基础上，将式（5.14）~式（5.15）、式（5.26）和式（5.28）代入式（5.12），可得：

$$w_{2i} = M + \frac{(f_iS - \beta_2 - \lambda_2S)}{n}\sum_{i=1}^{n}E(\eta_i \mid x_{1i}) + \beta_2E(x_{2i}) + \lambda_2S\sum_{i=1}^{n}E(x_{2i})$$

$$(5.29)$$

其中，$M = \dfrac{m}{n} + \dfrac{1}{n}(f_iS - \beta_2 - \lambda_2S)\sum_{i=1}^{n}(\hat{e}_{2i} + \hat{\hat{e}}_{2ji})$

$$+ \frac{1}{2}k(1-f_i)\sum_{i=1}^{n}(\hat{e}_{2i}^{\,2} + \hat{\hat{e}}_{2ji}^{\,2}) + \frac{1}{2}\rho(1-f_i)\left[\beta_2^2 + n\lambda_2^2S^2\right](1-\tau^2)\sigma^2$$

从式（5.28）和式（5.29）可以看出，声誉是通过未来固定收益（α_{2i}）的调整来影响参与方 i 的未来收益（w_{2i}）的，因为 $(f_iS - \beta_{2i} - \lambda_2S)/n\sum_{i=1}^{n}E(\eta_i \mid x_{1i})$ 体现了这种影响。参与方 i 第 2 期的收益一方面根据当期业绩分享，另一方面还受到业主方对参与方 i 资质能力预期的影响。当满足式 $f_i > (\beta_2 + \lambda_2S)/S$ 时，促使参与方 i 通过提高第 1 期的业绩来改善预期，提升第 2 期的报酬，这样的话，声誉激励才能有效实现；同理，反之则不能。

5.2.3.2　第一阶段最优激励契约模型

因为第一阶段参与方 i 的努力水平不仅影响当期阶段的收益，而且还会影响到其在第二阶段的收益。因此，在第一阶段无论是业主方还是参与方 i 都不会只考虑当期收益，而是会从两个阶段总的收益最大化角度来考虑。

用同样的方式，将式（5.12）、式（5.27）和式（5.22）代入式（5.23）的（IC_1）Z_{Ai}，化简得：

$$Z_{Ai} = \alpha_{1i} + \beta_{1i}(e_{1i} + \tilde{e}_{1ji}) + \lambda_1 S \sum_{i=1}^{n}(e_{1i} + \tilde{e}_{1ji}) - \frac{1}{2}k\left(e_{1i}^2 + \sum_{j=1,j\neq i}^{n} e_{1ij}^2\right)$$

$$+ \left[M + \frac{(f_i S - \beta_{2i} - \lambda_2 S)}{n}\sum_{i=1}^{n}E(\eta_i \mid x_{1i}) + \beta_{2i}E(x_{2i}) + \lambda_2 S\sum_{i=1}^{n}E(x_{2i})\right.$$

$$- \frac{1}{2}k\left(e_{2i}^2 + \sum_{j=1,j\neq i}^{n} e_{2ij}^2\right)\Big]\delta - \frac{1}{2}\rho\sigma^2\big[\beta_1^2 + n\lambda_1^2 S^2 + \delta^2(1-\tau^2)(\beta_2^2 + n\lambda_2^2 S^2)$$

$$+ (\beta_{1i}\beta_{2i} + \lambda_1 S\beta_2 + \lambda_2 S\beta_1 + n\lambda_1\lambda_2 S^2)\tau\big] \tag{5.30}$$

同样，可以验证，由于 $\frac{\partial^2 Z_{Ai}}{\partial^2 e_{1i}} < 0, \frac{\partial^2 Z_{Ai}}{\partial^2 e_{1ij}} < 0$，$Z_{Ai}$ 是关于 e_{1i} 和 $e_{1ij}(j\neq i)$ 的规划严格凹函数，该式达到均衡时，由最优化的一阶条件，参与方 i 在第 1 期的最优努力程度为：

$$\left.\begin{array}{l} e_{1i}^* = \dfrac{n\beta_1 + n\lambda_1 S + (f_i S - \lambda_2 S - \beta_2)\delta\tau}{nk} \\[3mm] e_{1ij}^* = \dfrac{n\lambda_1 S + (f_i S - \lambda_2 S - \beta_2)\delta\tau}{nk} \quad \forall j\neq i \end{array}\right\} \tag{5.31}$$

从式（5.31）可以看出，参与方 i 在第 1 期的最优努力水平 e_{1i}^* 和以及最优团队协作 e_{1ij}^* 除了取决于第 1 期的显性激励系数 β_{1i} 以及组织团队分成 λ_1 外，还取决于的 $\frac{n\beta_{1i} + n\lambda_1 S + (f_2 S - \lambda_2 S - \beta_{2i})\delta\tau}{nk}$ 大小，即还受到声誉效应和棘轮效应的影响。其中，$\frac{f_i S\delta\tau}{nk}$ 用以度量声誉效应，起强化激励作用；$\frac{(\lambda_2 S + \beta_{2i})\delta\tau}{nk}$ 用以度量棘轮效应，起弱化激励作用。只有当 $f_2 > \frac{\lambda_2 S + \beta_{2i}}{S}$ 时，声誉效应和棘

轮效应共同作用的结果才是实现了声誉的有效激励。

将式（5.26）代入式（5.23）中的（IC_3）Z_{P2}，可以计算得出：

$$Z_{P2} = S \sum_{i=1}^{n} (e_{2i} + \tilde{e}_{2ji}) + S \sum_{i=1}^{n} E(\eta_i \mid x_{1i}) - \frac{1}{2}k\left(e_{2i}^2 + \sum_{j=1, j\neq i}^{n} e_{2ij}^2\right)$$

$$- \frac{1}{2}n\rho \sigma^2 (1 - \tau^2)(\beta_2^2 + n\lambda_2^2 S^2) - n\bar{\mu}_2 \qquad (5.32)$$

根据对称性，在均衡状态下，参与方 i 对于任意的 $j\neq i$ 的积极性或消极性努力是相等的，对于 $\forall j \neq i$，存在 $e_i = e_j$ 和 $e_{ij} = e_{ji}$。将式（5.14）代入式（5.32），由于 $\frac{\partial^2 Z_{P2}}{\partial^2 \beta_2} = -\frac{n}{k} - n\rho\sigma^2(1-\tau^2) < 0$，且 $\frac{\partial^2 Z_{P2}}{\partial^2 \lambda_2} = -\frac{2nS^2}{k} - n^2 S^2 \rho\sigma^2(1-\tau^2) < 0$，所以，$Z_{P2}$ 为（β_{2i}，λ_2）的严格凹函数，可由（β_{2i}，λ_2）其一阶条件，得出：

$$\left.\begin{array}{l} \beta_2^* = \dfrac{k^2 n^2 S^2 \rho \sigma^2(1-\tau^2)}{-k + n^2 S[1 + \rho\sigma^2(1-\tau^2)k][k + \rho\sigma^2(1-\tau^2)]} \\[3ex] \lambda_2^* = \dfrac{1}{1 + k\rho\sigma^2(1-\tau^2)}\left(1 - \dfrac{k^2 \rho\sigma^2(1-\tau^2)}{-k + n^2 S[1 + \rho\sigma^2(1-\tau^2)k][k + \rho\sigma^2(1-\tau^2)]}\right) \end{array}\right\}$$

$$\qquad (5.33)$$

则在第一阶段，业主方要确定阶段性激励契约，其决策问题就是在满足参与方 i 的个人理性约束（IR）和激励相容约束（IC）的条件下选择 α_{1i}、β_{ti} 及 e_{1i}，并最大化其两阶段总的确定性等价收入 Z_P，即求解下列最优化问题，将式（5.27）代入式（5.22），可以计算得出：

$$Z_P = S \sum_{i=1}^{n} (e_{1i} + \tilde{e}_{1ji}) - \frac{1}{2}k \sum_{i=1}^{n}\left(e_{1i}^2 + \sum_{j=1,j\neq i}^{n} e_{1ij}^2\right) + \left[S \sum_{i=1}^{n}(e_{2i} + \tilde{e}_{2ji})\right.$$

$$\left. - \frac{1}{2}k \sum_{i=1}^{n}\left(e_{2i}^2 + \sum_{j=1,j\neq i}^{n} e_{2ij}^2\right)\right]\delta - \frac{1}{2}n\rho\sigma^2[(\beta_{1i}^2 + n\lambda_1^2 S^2) + \delta^2(1-\tau^2)(\beta_{2i}^2 + n\lambda_2^2 S^2)]$$

$$- \frac{1}{2}n\rho\tau\sigma^2(\beta_{1i}\beta_{2i} + \lambda_1 S\beta_{2i} + \lambda_2 S\beta_{1i} + n\lambda_1\lambda_2 S^2) - n\bar{\mu}_1 \qquad (5.34)$$

将式（5.31）代入式（5.34），由于 $\dfrac{\partial^2 Z_{P2}}{\partial^2 \beta_1} = -\dfrac{n}{k} - n\rho\sigma^2 < 0$，且 $\dfrac{\partial^2 Z_{P2}}{\partial^2 \lambda_1} =$

$-\dfrac{2nS^2}{k} - n^2 S^2 \rho\sigma^2 < 0$，所以，$Z_P$ 为（β_{1i}，λ_1）的严格凹函数，可由（β_{2i}，

λ_2）其一阶条件，得出：

$$
\left.\begin{aligned}
\beta_1^* &= \Phi \\
\lambda_1^* &= \frac{(n-1)\tau\beta_2}{2nS} + \left[\frac{(n-1)}{nk\rho S\,\sigma^2} + \frac{1}{S}\right]\Phi
\end{aligned}\right\}
\tag{5.35}
$$

式中，令：$\Phi =$

$$
\frac{nkS\rho\,\sigma^2\left(1 - \dfrac{1}{2}k\rho\tau\,\lambda_2\sigma^2\right) - \dfrac{1}{2}k\rho\tau\,\sigma^2\left[nk\rho\,\sigma^2\beta_2 + (n-1)\beta_2 + 2(f_1 S - \lambda_2 S - \beta_2)\delta\right]}{-1 + n\left(1 + k\rho\,\sigma^2\right)^2}
$$

5.2.3.3 声誉激励机制下有效均衡条件分析

从式（5.31）可知，当 $f_2 > (\lambda_2 S + \beta_{2i})/S$ 时，声誉效应与棘轮效应共同作用的结果是实现了声誉的有效激励。此时有 $e_{1i}/\beta_{1i} > e_{2i}/\beta_{2i}$，即由于声誉激励机制的有效性使得参与方 i 的最优激励系数增加程度的改善程度相对于最优激励系数增加程度而言有更大幅度的提高。否则，说明没有实现最有效的激励。同时前述分析也表明：从声誉激励机制有效均衡的角度看来，$f_2 > (\lambda_2 S + \beta_{2i})/S$ 总是一个必要的条件。而在声誉激励机制强化效应有效发挥的条件下，参与方 i 第一阶段高的努力水平或业绩会增强其在后阶段的讨价还价能力，即有 $f_1 > f_2$。据此，可以得出：

结论 5.1：声誉激励机制是通过对参与方 i 未来固定收入部分（即 α_2）的调整来影响参与方 i 的收益的，其发挥效应的有效均衡条件：$f_1 > (\lambda_2 S + \beta_{2i})/S$。

正如本研究公式（5.10）所述，引入声誉激励机制时，参与方 i 对 BIM 技术的能力水平（BIM 成熟度水平）η_{ti}，该值与 BIM 资质能力的不确定大小 τ 有关。因此 BIM 资质能力的不确定大小 τ 和贴现因子大小 δ 对最优激励系数和声誉激励机制效应的发挥产生一定的影响（因为只考虑两阶段，声誉因素只在第一阶段发挥激励效应）。所以，可以分别对 β_{1i} 与 e_{1i} 关于 τ 和 δ 求一阶偏导，由式（5.31）及式（5.33）可得：发挥效应的有效均衡条件下，同样满足：$\partial\beta_{1i}/\partial\delta < 0,\partial\beta_{1i}/\partial\tau > 0;\partial e_{1i}/\partial\delta > 0,\partial e_{1i}/\partial\tau > 0$。据此，亦可得出：

结论 5.2：当满足有效均衡条件下，贴现因子越大或者参与方 i 有足够的耐心（即 δ 越大），从长期利益角度（本研究主要指 BIM 的长期效益性）考虑会提高声誉的激励效应；反之，会降低声誉的激励效应。

结论 5.3：当满足有效均衡条件下，如果事前参与方 i 的 BIM 资质能力的不确定性越大（即 τ 越大），则参与方 i 越会通过提高努力水平来改善业主方对其的能力预期，从而能够提高声誉的激励效应。反之，会降低声誉的激励效应。

5.2.4　不考虑声誉因素的显性激励机制模型

为了便于进行对比分析，在此先给出不考虑声誉因素时的显性激励机制模型。参与方 i 的产出函数变为：

$$x_i = e_i + \tilde{e}_{ji} + \varepsilon_i \qquad i = 1,2,3,\cdots,n$$

式中：e_i——为货币化了的参与方 i 在第 t 期的努力水平；

$\tilde{e}_{ji} = \sum_{j=1,j\neq i}^{n} e_{ji}$——参与方 i 从其他参与方 j 获得的所有努力或消极努力；

ε_i——表示环境的随机影响（例如 BIM 技术的不同发展水平或者 BIM 技

术的不断完善发展），与 η_{ti} 相互独立；$\varepsilon_i \sim N\,(0,\ \sigma^2)$。

参与方 i 的总努力成本函数变为：

$$C_i = \frac{1}{2}k\Big(e_i^2 + \sum_{j=1,j\neq i}^{n} e_{ij}^2\Big)$$

参与方 i 的线性契约形式为：

$$w_{ti} = \alpha_0 + \beta x_i + \lambda X$$

风险规避的参与方 i 的确定性等价收入为：

$$Z_{Ai} = \alpha_0 + \Big[\beta(e_i + \tilde{e}_{ji}) - \frac{1}{2}\rho\beta^2\sigma^2\Big] + \Big[\lambda S\sum_{i=1}^{n}(e_i + \tilde{e}_{ji}) - \frac{1}{2}n\rho\sigma^2\lambda^2 S^2\Big]$$

$$- \frac{1}{2}k(e_i^2 + e_{ij}^2)$$

同理，风险中性的业主方的确定性等价收入为：

$$Z_P = [S - n\lambda S - \beta]\sum_{i=1}^{n}(e_i + \tilde{e}_{ji}) - n\alpha_0$$

则静态最优契约模型为：

$$\begin{cases} \max\limits_{e_i,e_{ij},\beta,\lambda} Z_P \\[2mm] \text{s. t. } (IR)\,Z_{Ai} \geqslant \bar{\mu} \\[2mm] (IC)\,(e_i,\ e_{ij}) \in \arg\max(Z_{Ai}) \end{cases} \tag{5.36}$$

用类似的方法，可以解得式（5.34）的最优解，如下：

$$\left.\begin{array}{l} e_i^* = \dfrac{\beta + \lambda S}{k} \\[4mm] e_{ij}^* = \dfrac{\lambda S}{k}\forall j \neq i \\[4mm] \beta^* = \dfrac{k^2 n^2 S^2\rho\sigma^2}{-k + n^2 S(1 + k\rho\sigma^2)(k + \rho\sigma^2)} \\[5mm] \lambda^* = \dfrac{1}{1 + k\rho\sigma^2}\Big(1 - \dfrac{k^2\rho\sigma^2}{-k + n^2 S(1 + k\rho\sigma^2)(k + \rho\sigma^2)}\Big) \end{array}\right\} \tag{5.37}$$

5.3 基于 BIM 的建设项目团队协作激励模型仿真

5.3.1 参数初始化

为了检验引入隐性声誉激励因素最优动态激励契约的有效性和上述结论的正确性，在此通过算例进行验证。假定变量如表 5.2 所示。

表 5.2 算例变量及赋值

变量	变量含义	赋值
n	组织团队内参与方的个数（除业主方）	10
S	因 BIM 的信息共享而产生的协同效应	2
σ^2	BIM 外生环境变量对产出影响的方差	50
k	参与方的边际成本系数	2
ρ	参与方的绝对风险规避度	3
τ	事前有关参与方的 BIM 资质能力的不确定性参数	0.3
δ	贴现因子	0.9
f	参与方讨价还价的能力	随机数

5.3.2 仿真结果分析

通过式（5.27）、式（5.33）和式（5.37），首先可以得出下列变量的值：

$$\beta_2 = 0.02878, \ \lambda_2 = 0.00365; \ e_{2i} = 0.01804, \ e_{2ij} = 0.00365$$

$$\beta = 0.02623, \ \lambda = 0.00332; \ e_i = 0.01644, \ e_{ij} = 0.00332$$

然后将上述变量的值，代入式（5.31）和式（5.35），可得到 β_1、λ_1、e_{1i}、e_{1ij} 随着参与方讨价还价的能力的变化值，如表 5.3 所示。

表 5.3　　　　　　　考虑声誉机制的 f_i 变化时变量计算结果

f_i	β_1	λ_1	e_{1i}	e_{1ij}	结果比较
0.03	0.001231	0.002559	0.003498	0.002882	$e_{2i} > e_i > e_{1i}$；$e_{2ij} > e_{ij} > e_{1ij}$
0.04	0.00123	0.002558	0.003766	0.003151	$e_{2i} > e_i > e_{1i}$；$e_{2ij} > e_{ij} > e_{1ij}$
0.045	0.001229	0.002558	0.0039	0.003286	$e_{2i} > e_i > e_{1i}$；$e_{2ij} > e_{ij} > e_{1ij}$
0.0464	0.001228	0.002558	0.003938	0.003323	$e_{2i} > e_i > e_{1i}$；$e_{2ij} > e_{ij} = e_{1ij}$
0.05	0.001228	0.002557	0.004034	0.00342	$e_{2i} > e_i > e_{1i}$；$e_{2ij} > e_{1ij} > e_{ij}$
0.055	0.001227	0.002557	0.004168	0.003555	$e_{2i} > e_i > e_{1i}$；$e_{2ij} > e_{1ij} > e_{ij}$
0.0585	0.001226	0.002557	0.004262	0.003650	$e_{2i} > e_i > e_{1i}$；$e_{2ij} = e_{1ij} > e_{ij}$
0.1	0.001219	0.002553	0.005375	0.004766	$e_{2i} > e_{1i} > e_i$；$e_{1ij} > e_{2ij} > e_{ij}$
0.2	0.001201	0.002544	0.008057	0.007457	$e_{2i} > e_{1i} > e_i$；$e_{1ij} > e_{2ij} > e_{ij}$
0.3	0.001183	0.002535	0.01074	0.010148	$e_{2i} > e_{1i} > e_i$；$e_{1ij} > e_{2ij} > e_{ij}$
0.4	0.001165	0.002526	0.013422	0.012839	$e_{2i} > e_{1i} > e_i$；$e_{1ij} > e_{2ij} > e_{ij}$
0.5	0.001147	0.002517	0.016104	0.01553	$e_{2i} > e_{1i} > e_i$；$e_{1ij} > e_{2ij} > e_{ij}$
0.5126	0.001145	0.002516	0.01644	0.015869	$e_{2i} > e_i = e_{1i}$；$e_{1ij} > e_{2ij} > e_{ij}$
0.55	0.001138	0.002513	0.017445	0.016876	$e_{2i} > e_{1i} > e_i$；$e_{1ij} > e_{2ij} > e_{ij}$
0.5722	0.001134	0.002511	0.01804	0.017473	$e_{2i} = e_{1i} > e_i$；$e_{1ij} > e_{2ij} > e_{ij}$
0.6	0.001129	0.002508	0.018786	0.018221	$e_{1i} > e_{2i} > e_i$；$e_{1ij} > e_{2ij} > e_{ij}$
0.65	0.00112	0.002504	0.020127	0.019567	$e_{1i} > e_{2i} > e_i$；$e_{1ij} > e_{2ij} > e_{ij}$
0.7	0.001112	0.002499	0.021468	0.020912	$e_{1i} > e_{2i} > e_i$；$e_{1ij} > e_{2ij} > e_{ij}$

续表

f_i	β_1	λ_1	e_{1i}	e_{1ij}	结果比较
0.75	0.001103	0.002495	0.022809	0.022258	$e_{1i} > e_{2i} > e_i$；$e_{1ij} > e_{2ij} > e_{ij}$
0.8	0.001094	0.00249	0.02415	0.023603	$e_{1i} > e_{2i} > e_i$；$e_{1ij} > e_{2ij} > e_{ij}$
0.85	0.001085	0.002486	0.025491	0.024949	$e_{1i} > e_{2i} > e_i$；$e_{1ij} > e_{2ij} > e_{ij}$
0.9	0.001076	0.002481	0.026832	0.026294	$e_{1i} > e_{2i} > e_i$；$e_{1ij} > e_{2ij} > e_{ij}$
0.95	0.001067	0.002477	0.028173	0.02764	$e_{1i} > e_{2i} > e_i$；$e_{1ij} > e_{2ij} > e_{ij}$
1	0.001058	0.002472	0.029514	0.028985	$e_{1i} > e_{2i} > e_i$；$e_{1ij} > e_{2ij} > e_{ij}$

下面根据上文论述及表 5.3 结果分析来验证引入声誉机制模型的合理性。

1. 讨价还价能力对不同两阶段最优动态激励契约模型的影响。

在未引入声誉机制模型中，由于参与方 i 的讨价还价能力对最优契约无影响，所以不同情形下，参与方 i 的 β、λ、e_i 和 e_{ij} 均保持一致（即：$\beta = 0.02623$，$\lambda = 0.00332$；$e_i = 0.01644$，$e_{ij} = 0.00332$）。当引入声誉激励模型的二阶段契约期中，参与方 i 的 β_2、λ_2、e_{2i} 和 e_{2ij} 同样也没有受到讨价还价的影响（即：$\beta_2 = 0.02878$，$\lambda_2 = 0.00365$；$e_{2i} = 0.01804$，$e_{2ij} = 0.00365$），这也验证了上文中的论述。但是在二期契约过程中，在第一契约期的 β_1、λ_1、e_{1i} 和 e_{1ij} 的取值受到了讨价还价的影响，随着讨价还价能力的不同而有所区别，它们之间与讨价还价能力 f_i 的关系通过 Matlab 的数值分析，如图 5.3 ~ 图 5.6 所示。其中，β_1 与 λ_1 是 f_i 的单调减函数，随着讨价还价能力 f_i 的增加而减小，e_{1i} 与 e_{1ij} 是 f_i 的单调增函数，随着讨价还价能力 f_i 的增加而增大。

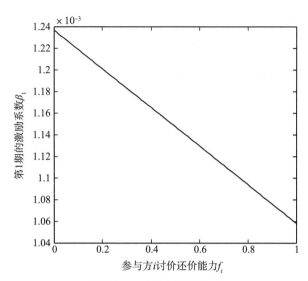

图 5.3 β_1 与 f_i 之间的关系

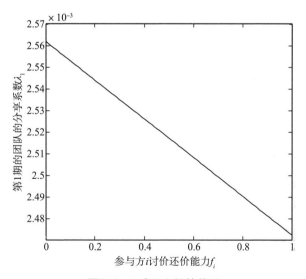

图 5.4 λ_1 与 f_i 之间的关系

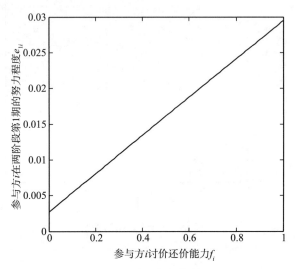

图 5.5　e_{1i} 与 f_i 之间的关系

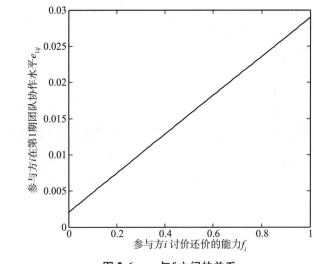

图 5.6　e_{1ij} 与 f_i 之间的关系

由表 5.3 及上述计算结果可知，$\beta_1 < \beta < \beta_2$，$\lambda_1 < \lambda < \lambda_2$，即第一合同期的最优激励系数 β_1 与团队最优分享系数 λ_1 都比未考虑声誉机制的 β 和 λ 小，但第二期合同的最优激励系数 β_2 与团队的最优分享系数 λ_2 则比未考虑声誉机制的 β 和 λ 大。

当 $0.5126 < f_i < 0.5722$ 时，存在 $e_{2i} > e_{1i} > e_i$，$e_{1ij} > e_{2ij} > e_{ij}$；当 $f_i = 0.5722$ 时，存在 $e_{2i} = e_{1i} > e_i$；$e_{1ij} > e_{2ij} > e_{ij}$；当 $f_i > 0.5722$ 时，存在 $e_{1i} > e_{2i} > e_i$；$e_{1ij} > e_{2ij} > e_{ij}$。参与方选择的最优努力水平高于团队未考虑声誉激励的契约情形，在团队的线性契约内引入声誉机制实现了帕累托改进，说明这种递增的激励系数促使参与方在第一合同期就付出高于未考虑声誉机制情形下的努力水平；递增的团队分成系数促使团队在第一合同期就付出高于未考虑声誉机制情形下的协作水平，这也正是声誉机制激励作用的机理。

由以上分析可知，当同时满足声誉激励机制的有效均衡条件和帕累托改善的条件时，引入声誉激励因素的激励契约能够以更低的激励系数促使参与方付出更高的努力水平，这是因为声誉激励机制对建设项目的参与各方发挥了长期的激励效应。

2. 贴现因子与参与方资质能力的不确定性对激励契约模型的影响。

为了验证结论 5.2，通过贴现因子 δ（$0.8 \leqslant \delta \leqslant 1$）和契约前参与方资质能力的不确定性 τ（$0 \leqslant \tau \leqslant 0.6$）的变化来分析其对最优激励系数 β_1 和声誉激励效应（反映在各参与方的最优努力水平 e_{1i}）的影响。通过 Matlab 的数值模拟分别得到图 5.7 ~ 图 5.10 所示。

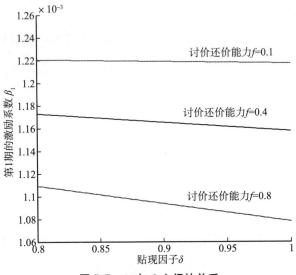

图5.7 β_1 与 δ 之间的关系

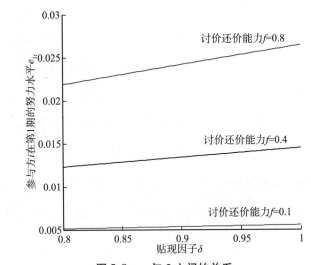

图5.8 e_{1i} 与 δ 之间的关系

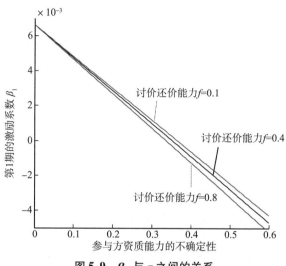

图 5.9 β_1 与 τ 之间的关系

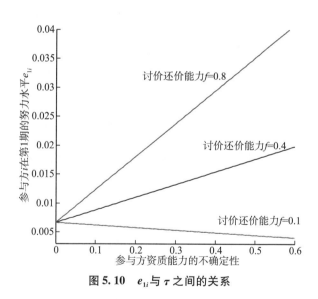

图 5.10 e_{1i} 与 τ 之间的关系

其中，图 5.7 和图 5.8 将贴现因子 δ 设为自变量，其他变量取值如表 5.2 所示，模拟了贴现因子 δ（$0.8 \leqslant \delta \leqslant 1$）的变化对最优激励系数 β_1 和声誉激励

效应 e_{1i} 的影响程度。从图 5.7 可以看出，在三种情况下，都满足 $f_1 > (\lambda_2 S + \beta_{2i})/S$，存在 $\partial \beta_{1i}/\partial \delta < 0$，因此，贴现因子越大或者参与方持有长期合作心理时，对参与方的最优显性收益激励系数有减弱的趋势。从图 5.8 可知，当 $f_i = 0.8、0.4、0.1$ 时，存在 $\partial e_{1i}/\partial \delta > 0$，在这种情况下，贴现因子越大或者参与方持有长期合作心理时，参与方考虑声誉时选择付出的最优努力水平就越高，声誉激励效应就越大。但是从图中也可以看出，随着讨价还价能力的下降，线性的斜率在下降，证明声誉效应随着贴现因子的增加而呈现边际递减的发展趋势，参与方的最优努力水平边际递减。从而验证了结论 5.2。

图 5.9 和图 5.10 将参与方资质能力的不确定性 τ 设为自变量，其他变量取值如表 5.2 所示，模拟了资质能力不确定性 $\tau (0 \leqslant \tau \leqslant 0.6)$ 的变化对最优激励系数 β_1 和声誉激励效应 e_{1i} 的影响程度。从图 5.9 可以看出，在上述三种情况下，满足 $f_1 > (\lambda_2 S + \beta_{2i})/S$，存在 $\partial \beta_{1i}/\partial \delta < 0$，因此，在签订契约前参与方的资质能力的不确定性 τ 越大，对参与方的最优显性收益激励系数有减小的趋势，而且从该图中可以看出，参与方讨价还价的能力在参与方资质能力不确定性 τ 变化时，f_1 的取值对最优激励系数 β_1 的影响程度较小，β_1 的波动也较小。从图 5.10 中可知，在 $f_1 = 0.8, 0.4$ 时，满足 $\partial e_{1i}/\partial \tau > 0$ 说明 τ 取值越大时，参与方选择的最优努力程度越高，声誉效应就越大，但在 $f_1 = 0.1$ 的情况下，存在 $\partial e_{1i}/\partial \tau < 0$，也就是说，在参与方讨价还价能力越小的情况下，参与方的最优努力水平不断下降，声誉激励效应随 τ 的增加而减小，从而验证了结论 5.3。

综上所述，可以从图 5.7～图 5.10 中发现一个共同的趋势和规律，即：当参与方的讨价还价能力越强（f_1 取值越大）时，最优激励系数 β_1 呈现下降趋势，而参与方的最优努力水平就越高。这说明参与方声誉越高，声誉效应就越大，在实践中，这是由于项目 BIM 中实践的设计方、施工方等参与方比较看重长期受益和由于 BIM 所带来的声誉不断提高，逐步形成良性循环，业主方可以适当减弱对参与方的收益激励程度。这就进一步显示，在一定的条件下，引入声誉激励机制对项目的参与方具有更强的激励效应，同时也验证，隐形的声誉激励与显性的收益激励机制相结合、长期激励机制与短期激励机制相结合的动态激励契约模型的合理性。

3. 协同效应对激励契约模型的影响。

为了验证协同效应对激励契约模型的影响，通过协同效应 $S(1 \leqslant S \leqslant 2)$ 的变化来分析其对最优激励系数 β_1、团队分享系数 λ_1、声誉激励效应（反映在各参与方的最优努力水平 e_{1i}）以及团队协作水平（反映在各参与方之间的相互支持性 e_{1ij}）的影响。通过 Matlab 的数值模拟分别得到图 5.11 ~ 图 5.14 所示。

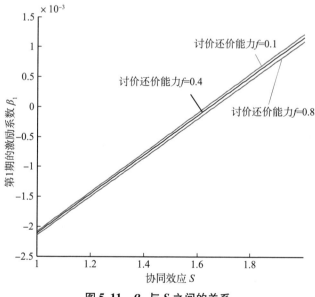

图 5.11 β_1 与 S 之间的关系

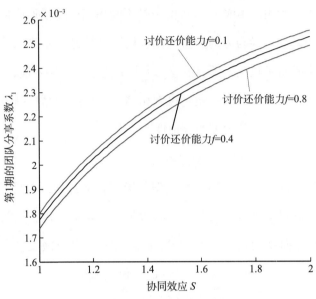

图 5.12　λ_1 与 S 之间的关系

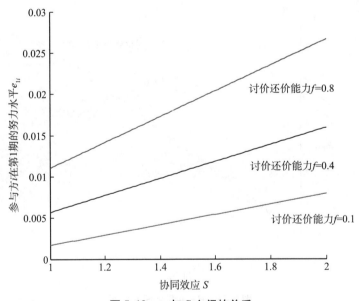

图 5.13　e_{1i} 与 S 之间的关系

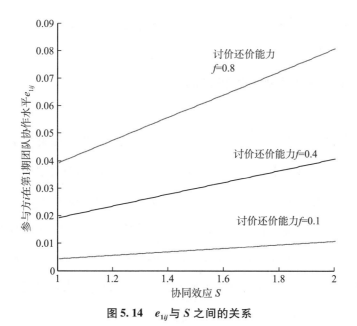

图 5.14　e_{1ij} 与 S 之间的关系

其中从图 5.11 和图 5.12 中可以看出，最优激励系数 β_1、团队分享系数 λ_1 是协同效应 S 的单调增函数，随着协同效应的增加，β_1 与 λ_1 呈现逐步增长的趋势；同时，从图中可以看出，随着协同效应的增加，当 f_1 分别取值 0.8、0.4 和 0.1 时，β_1 呈现微弱的下降变化，但三条线性直线相差较小，也证明协同效应产生的影响要远大于讨价还价能力的影响程度，显现出明显的激励系数和团队分享系数放大作用。从图 5.13 和图 5.14 也可以看出，参与方的努力水平和协作水平随着协同效应的增加而增加，是 S 的单调递增函数，而且随着讨价还价能力的增加，参与方的努力水平和协作水平也逐渐增加。

综上所述，从图 5.11～图 5.14 中可以看出，不管是考虑声誉机制，还是为未引入声誉机制的情况下，随着团队协作效应的增加，项目各参与方的努力水平和协作水平随之提高，收益激励系数和团队分享系数也都相应地增加。一方面，团队的协同效应强化了团队分享的正面激励作用；另一方面，项目参与方也因协同效应强化了收益激励的正面激励作用。

5.3.3 激励模型多阶段扩展分析

由于上述模型假定合作只持续两个阶段。通常来讲，如果基于 BIM 的建设项目参与方合作持续 $T(T>2)$ 个阶段，结合显性收益激励机制，根据上文的论述不难得出，最后一个阶段 T 的努力水平 $e_t = (\beta_t + \lambda_t S)/k$（如果没有显性收益激励机制，那么最后阶段的努力水平为零），所有 $T-1$ 个阶段的努力水平均满足 $e_{t-1} > (\beta_{t-1} + \lambda_{t-1}S)/k$，并且容易推断，在发挥声誉激励机制有效性的条件下，建设项目参与方代理方各阶段的最优努力水平随剩余合作期限的减少而不断降低。即存在：$e_t < e_{t-1} \cdots e_2 < e_1$。这是因为越接近合作期结束，努力的声誉效应越小，这是因为，第 $T-1$ 阶段的努力程度 e_{t-1} 只影响第 T 阶段的声誉；第 $T-2$ 阶段的努力程度影响第 $T-1$ 阶段和第 T 阶段的声誉；而第 1 期的努力程度影响以后所有 $T-1$ 个阶段的声誉。

相应地，随着 BIM 成熟度的提高以及合作经验的积累，如果建设项目参与方合作期 T 足够长或者合作机会无限期，则在理论上就可以保证代理人具有长远预期和耐心，声誉激励就效应越大，组织代理人会有很强的积极性进行合作和提高努力水平。这也正好说明了从整个建筑代理人市场角度，如果建立基于建筑行业信用评价的市场约束机制，通过市场声誉与信用约束使得代理人关注自身在市场上的长期竞争能力，能够强化代理人自我约束同时对代理人在项目中的合作形成有效的激励。当然，这是基于一定约束条件的。前述研究结论已经表明，声誉激励机制的有效性发挥及实现帕累托改善对承包商等代理人的讨价还价能力有着较高的要求。在很大程度上，代理人讨价还价能力的大小是对其资质能力和声誉的反映。要构建满足声誉激励机制有效均衡条件和帕累托改善条件的隐性激励机制，必须具有根据代理人市场信用、声誉等选择代理人的评选机制。这也就必然要求具备较为完善的代理人市场信用评价体系和实施规则，形成一个较为完全的竞争性市场，从而使得市场代理人声誉能够通过市场得以反映，而且代理人能够通过现期努力对产出的影响来提高自身声誉和市场对其资质能力的判断，强化声誉效应，弱化棘轮效应。从另外一面来看，信用制度缺失更是目前建筑市场秩序混乱的根本原因，市场经济须以信用为基石，信用机制和信用制度是促进交易双方诚实守信的充分条件。

第 6 章

基于 BIM 的建设项目知识扩散
与技术协同分析及仿真

本章分为两个部分，也是第 3 章协同管理的 BIM 知识扩散和技术协同两个基本因子的分析内容，目的在于分析基于 BIM 的知识扩散因素如何影响建设项目的协同效应，建立基于 Open BIM 的协同平台建设框架，保障参与主体之间的信息共享，从而促进组织团队绩效和保证建设项目的顺利实施。

6.1　基于 BIM 的建设项目知识扩散机制分析与仿真

6.1.1　知识扩散的基本理论及其机理

6.1.1.1　知识扩散的基本理论

1. 知识扩散的基本内涵。

知识扩散（knowledge diffusion）也叫"创新扩散"，是知识增长和价值实现的重要途径（孙亚男，2012）。知识在不同的项目参与主体之间扩散和转移，在合作的基础上形成具有知识整合与创新功能的网络结构，这一过程是知识扩散与转移的必然结果。知识扩散是指技能、技术、信息、新思想等知识表现形式，在一定时间内，通过某种渠道，在社会系统成员中进行的传播过程，最终实现项目不同参与个体之间知识的分享（曾刚，2008）。

根据知识创新理论，本研究认为 BIM 的知识扩散是指建筑行业 BIM 技术（软硬件、技术标准、nD 技术等）和与 BIM 理念的类似知识，依托现代计算机技术和网络技术，经过一定的时间，在建筑行业中通过各建筑企业之间的经济往来，在不同的建筑企业之间以及各建筑企业内部进行 BIM 传播和渗透的过程。它具有时空性、有势性和非线性等特征。

2. 研究层次。

在组织间的知识创新中，充分的知识交流、共享与扩散，是协同管理的基础。国外关于知识创新和知识扩散的相关研究，通常与人类学、经济学、地理学、社会学等学科相交融，研究的主题涉及社会行为扩散、信息与知识传播、社会系统中的合作行为、分布式网络结构的信息交换、知识传播等领域。国内的研究大多集中在知识扩散的内涵、特征和维度等内容，主要是围绕扩散途径、激励措施和扩散机制等展开（邹樵，2010）。在借助社会网络分析工具和传染病模型的方法和理论的基础上，很多学者对规范与静态网络上的知识扩散进行了研究，认为知识扩散是创新知识在社会组织间随时间传播并推广的过程，知识链上的知识获取、社会网络及结构要素对知识传递、共享与吸收能力产生重要影响，最终促进创新成果的实现（李卓蒙，2009）。

在 BIM 知识扩散过程中，由于 BIM 软件商的大力引导和市场培育，BIM 的知识创新开始在少数设计企业和施工企业里率先实施，由于其良好的示范作用，众多的建筑行业企业出于对超额利润或者未来收益的追求，将纷纷加入模仿者的行列中。一方面知识采用者的数量或扩散速度随时间的推移呈非匀速、不规则的动态变化；另一方面已采用使用 BIM 的建设项目参与主体分布呈现非均质性，个体的经验和接受能力存在较大差异性。

6.1.1.2　BIM 知识扩散动因与影响因素

1. 基本动因。

BIM 知识扩散的根本动因在于知识存量差和创新环境。一方面，作为以知识创新和知识转化为核心内容的动态组织，各项目参与主体 BIM 知识的存量差决定了各自在建设项目内部的角色，BIM 知识存量多的参与方，例如设计方和软件服务商，通常作为知识的扩散源，具有知识溢出倾向，而所需知识存量较少的参与方，例如施工方、监理方等，通常作为 BIM 知识的索取方，进行索取和接收其他溢出知识。在不同的 BIM 成熟度下，知识存量差表现出参与方在 BIM 知识先进性、有效性和扩散能力的优劣程度，各种政策环境、市场环境和中介环境等支持性环境，成为建设项目中 BIM 知识扩散活动顺利开展的重要保证（王广斌，2012）。

2. BIM 的知识扩散影响因素。

几年来针对基于 BIM 的知识扩散所面临的影响因素，国内外很多著名的组织或学者进行多方面的研究（Autodesk，2004；GSA，2006；Succar，2008；Fischer，2009；李恒，2010），结合上述的概念综述，经比较总结，本研究认为可以将上述影响因素分为以下三类：

（1）扩散对象。扩散对象即扩散过程中被传播、推广的特定知识创新本身。BIM 具有区别于和优于现用知识或其他替代知识的内在特质，例如智能化、多维化、可量化和可获取化（Eastman，2008；何关培，2010），BIM 知识扩散因子中的“BIM 成熟度”可以说是 BIM 知识本身的内涵概括。

（2）参与行为者。业主方、设计方和施工方构成 BIM 知识扩散的基本行为主体，参与行为者的地位角色决定了其对待创新的采用态度、方式和行为驱动力等决策差异，影响创新速度，而且知识的采纳受到参与行为者认知和偏好的影响。

（3）扩散环境。在知识创新扩散因子中的"技术及管理人员对 BIM 知识的适应能力"、"参与各方对 BIM 的管理和支持能力"以及"教育与培训"构成了 BIM 知识扩散的基本环境。基于 BIM 的建设项目合作网络结构和节点关联将极大影响 BIM 的知识扩散方式、扩散距离、扩散路径和扩散程度，而且在采用者网络中，具有高连接度的主体往往决定了最终的创新扩散效果。

6.1.2 BIM 知识扩散演化模型构建

6.1.2.1 BIM 知识扩散过程演化模型设计

1. 知识扩散网络结构特征。

社会网络分析方法强调行为的结构性（刘军，2004）。在一个技术创新扩散网络中，在参与个体做出采纳决策之前，存在两种信息渠道，即大众媒体传播渠道和人际组织间关系沟通渠道。其中，参与个体主要通过大众媒体得到技术的信息，而人际组织间关系中的沟通依赖于该知识扩散网络的结构和性质。

（1）网络个体的分类。同一社会体系内的不同个体不会同时采纳一项技术，根据系统内的个体相对于系统内的其他个体较早地采纳知识的程度将他们分为：创新者、早期采纳者、早期大多数、后期大多数以及落后者，他们的知识性程度呈现依次递减状态。

（2）网络个体的同质性与异质性。BIM 作为共性知识，由于其关联性和外部性，决定了具有不同于一般专有知识扩散的网络特性。它的扩散网络是辐射型的，是以多个共性知识源为中心，按关联度大小向四周相关领域逐一扩散开，随着时间的推移和关联度由高到低递减，其知识扩散速度会逐渐降低，但影响的深度和广度会逐渐增加（邹樵，2010）。

（3）网络组织嵌入性。指网络成员间连接的经常性和稳定性，这类研究认为组织是网络的基本元素，组织之间的行为决定网络变迁过程，组织间的微观活动决定了网络整体的宏观演化（石乘齐，2013）。网络演化是外部环境变化与组织战略行为共同作用的结果，外部环境的不确定性和资源丰富程度影响组织间的合作行为，并受到组织战略导向的调节，从而最终影响网络变化模式。但与一般专有知识扩散网络相比，BIM 知识扩散的可连接结点数会很多，其产生的网络效应也远远超过一项专有知识扩散所带来的经济和社会效益。因此，适当的异质扩散模式可以加大 BIM 知识扩散的深度和广度。

2. BIM 知识扩散的深度和广度。

BIM 知识扩散有广度和深度之分，可用图 6.1 表示。

（1）基于模型的应用和分析。应用参数化 BIM 软件，如 ArchiCAD、Revit、Bently 或 Tekla 等，构建建筑、结构、MEP 等各专业 3D 模型，并基于 3D 建成模型实现特定 BIM 功能点的应用和分析。该应用水平下，专业间仍是割裂状态，缺乏专业间的协同工作。项目网络中参与方之间数据与知识交换是单向的，交流和沟通并不是同步的（Succar，2009）。

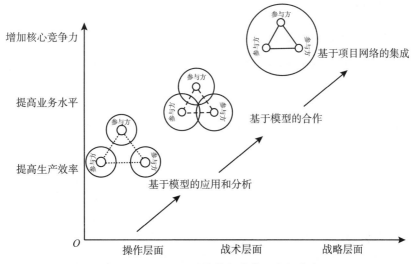

图 6.1 BIM 知识扩散过程中的深度与广度

资料来源：王广斌等，2012。

（2）基于模型的合作。BIM 知识被用于改善项目网络间的沟通和协调工作，BIM 作为跨组织性技术在一定程度上推动参与方基于模型的合作，进而给项目带来更大的增值，同时给项目各参与方带来较大的经济效益。

（3）基于项目网络的集成。BIM 应用水平的最高层次，指 BIM 知识应用于项目网络企业间业务流程的集成。BIM 的模型和内容更加丰富和详细，满足项目各参与方需求的复杂的分析和应用。项目网络参与方之间合作更加紧密，以增加自身核心竞争力和项目增值。

6.1.2.2 BIM 知识扩散过程演化模型的选择

20 世纪 60 年代，知识扩散模型得到了广泛而深入的研究，根据研究对象和研究方法的不同，扩散模型主要可以分为两类：一类是基于潜在采纳者总体统计行为宏观层面的数学模型研究，另一类是基于潜在采纳者个体采纳决策行为微观层面的仿真模技术。

1. Bass 经典扩散模型及其拓展。

在总体统计行为的数学模型中，S 型增长模式是人们最早研究知识扩散和技术创新模型所采用的一种模式，Fourt-Woodlock 模型、Mansfield 模型和 Bass 模型是 S 型扩散模型中比较有代表性的。其中，Bass 扩散模型表述如下：

$$N_t = N_{t-1} + p(m - N_{t-1}) + q\frac{N_{t-1}}{m}(m - N_{t-1})$$

上式中，m 表示需求总数（也称为市场潜力）；p 表示外部影响系数（也称为创新系数）；q 表示内部影响系数（也称为模仿系数）；N_t 表示第 m 时刻的技术接受者数量。

有些学者在 Bass 经典模型基础上，结合演化扩散理论，构建了创新演化扩散模型。其中具有代表性的是 Fisher-Pry 模型（Fisher & Pry，1972）。库登科夫和索科洛夫（Kuandykov & Sokolov，2010）在上述模型的基础上，构建了创新扩散的演化代理模型，研究了不同的社会网络对于创新扩散效果的影响。经过学者的不断扩充和发展，这类扩散模型已经被用来研究诸如市场组合策略、竞争、广告、价格、重复购买、技术替代等各个领域的问题（张廷等，2006）。

2. 以种群演化思想为基础构建的演化扩散模型。

这种模型借鉴了生物学中的种群演化思想，运用生态学的研究方法来构建技术创新的演化扩散模型。如克里斯托夫和胡培南（Christoph & Huber-amn，1999）结合物理学和生物学中的平衡模型和演化模型，构建了一个知识扩散的平衡演化模型，认为当潜在的创新采纳者进行创新采纳决策时，取决于创新的技术改进、熟悉速度以及周围环境接受程度等。帕特里克和温布拉克（Patrick & Winebrake，2009）提出了知识扩散的系统演化动力学模型，兰德斯曼和吉冯（Landsman & Givon，2010）提出了技术创新的二阶段扩散演化模型。

3. 元胞自动机扩散模型。

随着计算机技术的发展，微观仿真模型逐渐应用于创新扩散领域的研究。微观仿真模型的基本思想是通过模拟个体的行为和互动，进行个体的加总得到宏观结果，这类模型主要包括多 Agent 模型、渗流模型临界值模型、元胞自动机（cellular automata，CA）等。虽然这些模型在构建形式上有所不同，但其基本思想类似，其中 CA 模型的应用最为广泛，出现在金融、交通、舆论传播、传染病等领域的研究（张廷，2006），是一种重要的复杂系统建模分析工具。

与传统的微分方程模型相比，CA 模型有如下优点：第一，元胞自动机模型作为一种全离散的局部动力学模型，很容易描写单元间的相互作用，只要确定简单的局部规则，就可以对复杂的系统进行模拟；第二，二维 CA 模型把各项影响因素转化为知识引进决策者的决策偏好，并引进概率来描述引进者的不确定性，较好地解决了微分方程参数不能太多这一局限；第三，利用 CA 二维模型对初始参数进行控制和调整，可以灵活模拟不同知识扩散的具体扩散方式。综上所述，CA 模型可以非常准确地描述现实中的传播现象，即个体状态取决于邻居的状态，少数个体的状态逐步影响周围个体，以此引起了该状态的传播及扩散。因此，它非常适用于 BIM 知识的传播及扩散问题的仿真研究。

6.1.2.3　BIM 的知识扩散演化模型的提出

元胞自动机是定义在一个由具有离散、有限状态的元胞组成的元胞空间上，并按照一定局部规则，在离散的时间维度上演化的动力学系统，具有与传统数学模型截然不同的建模思路。CA 模型从复杂系统的视角出发，利用人工智能和计算机科学领域的相关研究成果，在微观层次上构造个体（元胞），加总微观个体所得到宏观结果，是一种自底向上（bottom-up）的研究方法。因此从本质上讲，CA 模型是建立在大量元胞相互作用基础上的动态演化系统。

1. CA 模型。

从结构上看，元胞自动机由元胞、元胞空间、元胞状态集、邻居和演化规则组成，可以用以下四元组表示为：

$$CA = (L_d, \ S, \ N, \ f) \tag{6.1}$$

式中，L_d 表示元胞空间，d 表示元胞空间的维数，S 表示元胞的有限状态集，N 表示所有元胞的邻居的状态集合，f 表示元胞自动机的演化规则。

其中：

（1）元胞。

也称细胞、单元或者基元，是元胞自动机的基本组成部分。大量同质的元胞排列在一个规则网格中，网格中每一个格点即代表一个元胞。元胞可以成直线、矩阵或是立方体，甚至是多维的形式排列。元胞的形状会根据元胞空间的不同而不同，元胞的状态根据研究问题的不同而不同，比如在"生命游戏"中，元胞的状态就是 |生，死|，在初等元胞自动机中，元胞的状态就是 |黑，白|。

（2）元胞空间（L_d）。

元胞分布在空间上网格点的集合就是元胞空间。理论上，元胞空间可以是任意维数的欧几里得空间。目前研究工作主要集中在一维和二维元胞自动机上，元胞自动机的维数越高，则其可能的划分也就越多。一维元胞自动机的划分只有一种，二维元胞自动机的常用划分有三角形、四方形和六边形三种，如图 6.2 所示。

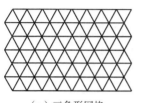
（a）三角形网格

（b）四方形网格

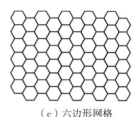
（c）六边形网格

图 6.2　常见的二维元胞空间

（3）元胞状态（C）。

表示元胞的状态空间，是一个有限的状态集，状态可以是 $\{0, 1\}$ 的二进制形式。或是 s_1，s_2，s_3，$\cdots$，s_n 的整数形式的离散集，严格意义上，元胞自动机的元胞只能有一个状态变量，但在实际应用中，往往将其进行了扩展。

（4）元胞邻居（N）。

表示一个元胞的邻域，是对中心元胞下一时刻的状态值产生影响的元胞集合，在一维元胞自动机中通常以半径 R 来确定邻居，距离中心元胞在 R 之内的元胞，被认为是中心元胞的邻居；原则上，对邻居的大小没有限制，只是所有元胞的邻居大小都要相同。对于二维的元胞自动机模型来说，最常见的是冯·诺伊曼（Von Neumann）型和摩尔（Moore）型两种形式，如图 6.3 所示。

（5）演化规则（F）。

演化规则是一个数学函数，这个函数定义了元胞根据当前的状态和邻居元胞所处的状态，如何确定下一时刻元胞状态。因此，演化规则也称作状态转移函数。如元胞 i 的演化规则可以表示为 f：$S_i^{t+1} = f\,(S_i^t, S_N^t)$，式中 f 就是

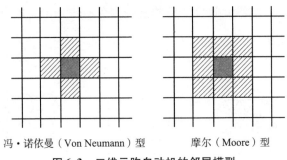

冯·诺依曼（Von Neumann）型　　　　　摩尔（Moore）型

图 6.3　二维元胞自动机的邻居模型

系统演化规则，S_N^t 表示邻居元胞所处的状态。系统的迭代使得这个演化规则不断的应用到所有的元胞中去，从而推动了元胞自动机的不断演化。因此，可以说演化规则是一个元胞自动机的核心。

2. 模型的基本假设。

假设 1：建设项目 BIM 知识扩散过程是一个按一定规则或模式进行非线性相互作用的行为主体所组成的动态系统。扩散过程中，整体层面上业主方、设计方和施工方、政府部门以及中介机构等项目参与主体之间呈现出多样的、非线性的关系；从个体层面角度分析，参与个体是 BIM 知识扩散过程中的核心组成要素，扩散过程集中表现在项目参与个体之间利用相互作用关系，在一定情境下实现 BIM 知识的传播和扩散。

假设 2：建设项目 BIM 知识扩散过程中，项目参与个体通过与之最接近的个体相互沟通，实施 BIM 知识的传播和扩散。在扩散过程中，参与个体之间发生局部互动关系，某参与个体参与发送或者接收创新 BIM 知识仅受前一时刻该项目参与个体及其最为接近的项目参与个体的影响；同时多个 BIM 知识扩散过程在同一观测时间点上同时进行，不存在优先级顺序。

假设 3：项目参与个体依据相互之间的关系调整 BIM 知识扩散过程。参与个体对自身所在的情景进行评估，并依据上述评估和调整结果的预期对扩散速度进行调整。

假设 4：参与个体对建设项目 BIM 知识扩散过程中的个体状态拥有完全信息。同时，一旦接收创新知识，便不会更改。

假设 5：不同项目内的每个项目参与个体不受个体属性差异的影响，个体行动彼此相互独立，互不干扰。

3. 模型的建立。

基于模型上述假设，本研究结合建设项目 BIM 知识扩散过程的特点，建立演化模型中如下：

（1）设 n 为元胞自动机模型中正方形网格的行数或列数，则元胞自动机网格中单元格数量 $n \times n$，代表建设项目 BIM 扩散过程中项目参与个体总数 $N = \sum i$。本模型采用一个 50×50 的网格来构建元胞空间，网格中行与列的交叉点代表 BIM 技术的接受者和扩散者。

（2）用 $\{0，1\}$ 表示建设项目参与个体扩散 BIM 知识的两种状体，1 表示参与个体已接受 BIM 创新，0 表示参与个体未接受 BIM 创新。

（3）邻居形式。CA 模型中，邻居形式有多种。本模型采用摩尔（Moore）型，即每个用户周围有 8 个邻居，这 8 个邻居用户在 $t-1$ 时刻的状态会影响到 t 时刻中心用户的状态。

4. 演化函数及元胞状态转换规则。

本研究在构建状态演化规则 $f(\gamma，\delta)$ 时，借鉴了诺纳卡（Nonaka et al.，1995）的创新扩散研究成果，参与个体在 t 时刻是否选择使用 BIM 技术受到个体的内部因素（以 I 表示）和外部因素（以 O 表示）的共同影响，即：

$$f(t) = I(t) + O(t) \tag{6.2}$$

在式（6.2）中，内部因素有很多，本研究假定所有参与演化的参与个体 BIM 知识扩散受到扩散意愿（γ）和决策偏好（δ）的影响。与内部因素相比，对用户行为产生影响的外部因素更多。本研究选取国家及行业机构对 BIM 的支持力度（以 ε 表示）以及参与个体 i 周围的其他个体（即 8 个邻居）对 BIM 的选择情况（以该参与个体邻居状态的集合表示）为外部因素。其影响函数为：

$$f(t) = \gamma(t) \times \delta(t) + \varepsilon(t) + p\sum_{i=1}^{8} S_i(t-1) \tag{6.3}$$

在式（6.3）中，具体表述如下：

（1）扩散意愿（γ）。

一个拥有 BIM 技术和经验的核心企业（创新发送者，在 BIM 的应用实践中，可以将核心企业定义为技术力量一流、设计类资质高、在我国的建筑工程设计行业具有重要影响力的设计单位，例如，CCDI、中国建筑设计研究院、同济大学建筑设计研究院和上海现代建筑设计集团等）是否愿意向集群内其他企业（创新接受者，主要为其他的具有一定资质能力的其他设计单位、施工单位、监理单位等，在模型中指临域）扩散 BIM 技术，其可能性为 $\gamma(0 \leqslant \gamma \leqslant 1)$。$\gamma = 0$ 表示绝对不愿意，$0 < \gamma < 1$ 表示以愿意程度，$\gamma = 1$ 表示完全愿意。从目前 BIM 技术企业和项目应用状况调研的结果来看，我国的 BIM 应用成熟度较低，BIM 的创新者为获取和维持更高的资质声誉，期待解决 BIM 实践障碍，积极参与引领行业 BIM 应用进程普及工作，并愿意就某些难题进行沟通交流，所以意愿程度较高；但另一方面，基于竞争的考虑，对于本单位的 BIM 实践经验在一定程度有所保留。因此，将 γ 取值（$0.5 \leqslant \gamma \leqslant 0.8$）。

（2）决策偏好（δ）。

BIM 应用中，其他企业（创新接受者）在进行是否接受创新决策时，通常会考虑 BIM 知识改进为企业带来的收益。收益包括使用 BIM 为企业带来的直接技术或管理收益、招投标过程中的契约收益、声誉收益等以及未来的预期收益等。从目前 BIM 阶段来看，BIM 技术的前期投入较大，直接收益并不明显，反而考虑后三项收益内容居多。本研究将 BIM 创新接受企业对收益的重视程度表示为决策偏好 δ（$0 \leqslant \delta \leqslant 1$），$\delta = 0$ 表示完全不重视，$0 < \delta < 1$ 表示以重视程度，$\delta = 1$ 表示绝对重视。从目前的调研情况来看，以上海、北京和广州为代表的经济发达地区的企业，对 BIM 应用的决策风险偏好较大，西部及中部、部分沿海地区的建筑类企业相对滞后，对 BIM 持观望、表示谨慎乐观的企业相对较多。在实际中，尝试 BIM 知识的决策偏好 ε 在参与个体中存在一定的差异性。

（3）国家及行业机构的支持性（ε）。

从上述章节的文献中，可以发现，在 BIM 的应用过程中，国家及行业机构发挥了非常重要的作用，故设立该参数以观察对 BIM 扩散过程的影响情况。国家及行业机构对 BIM 的支持性 ε 取值为 $0 \leqslant \varepsilon \leqslant 1$。$\varepsilon = 0$，表示国家及行业机构对 BIM 的支持力度为 0，BIM 的扩散主要依赖与行业内的自我发展，ε 越大，表示国家及行业机构对 BIM 的支持力度越大（说明：当然 1 为理想状态，在实践中，ε 对 BIM 技术的演化敏感性较高，每提高一个百分比，都会对扩散结果产生明显影响），在国家政策、行业战略、资金支持、培训教育等方面给予支持。

（4）元胞的状态转换规则。

S_i 是中心个体周围 8 个邻居的状态，其值属于元胞状态集 $\{0, 1\}$。此外，p 表示个邻居用户对中心用户的影响程度，研究中取 $p = 0.125$，即取邻居用户状态的平均值作为其对中心用户的影响值。参与个体 i 在 $t-1$ 时刻的状态值 $S(t-1)$ 和 t 时刻的演化值 $f(t)$ 共同决定了该元胞在 t 时刻的状态值 $S(t)$。

本模型根据实际情况，设置了元胞的状态转换规则，如表 6.1 所示。

表 6.1   元胞状态转换的局部规则

转化前的状态	转化规则	转化后的状态
$S(t-1)=0$	$0 \leqslant f(t) \leqslant 0.5$	$S(t)=0$
	$f(t)>0.5$	$S(t)=1$
$S(t-1)=1$	$f(t)>0$	$S(t)=1$

基于上述因素，元胞自动机的基本规则是：（1）如果一个元胞的状态是 0，则当它有状态为 1 的邻域时。该元胞的状态以 $\gamma \times \delta$ 的概率变为 1；并且当它的临域中状态为 1 的邻域越多，其状态转变为 1 的概率越大。（2）如果一个元胞的状态是 1，则该元胞的状态保持不变。

6.1.2.4   BIM 知识扩散过程仿真对象与仿真模型的相似性分析

本章节为了模拟 BIM 知识传播的过程，建立了元胞自动机模型。其中，用"元胞"表示建设项目的相关参与个体，"元胞空间"表示项目参与个体所构成的复杂社会网络结构，"元胞状态集"表示不同参与个体其在接受 BIM 知识扩散过程自然状态的集合，"元胞邻居"表示某个参与个体因业务或合同关系而相互连接的项目参与方，"元胞状态演化规则"表示某参与个体参照其周边参与方接受 BIM 知识的行为或态度，做出相应 BIM 知识的选择决策，从而保证了仿真对象与仿真模型的相似性。根据仿真对象的实际情况，本研究对参与个体的行为做出相关假设，选取扩散意愿和决策偏好（内部因素）、国家及行业机构对 BIM 的支持力度（外部因素）等因素作为演化规则的参数，使用 Matlab 仿真工具对基于元胞自动机的建设项目 BIM 知识扩散过程演化模型进行编程。最后，依据上述内容对仿真结果进行分析，通过本章节案例分析来评估仿真结果的科学性。

6.1.3 基于 BIM 建设项目知识扩散演化模型仿真

6.1.3.1 参数初始化

依据本研究对参数的定义，本研究对参与个体扩散者的意愿、参与个体决策偏好、参与个体与邻居的影响关系、国家及行业机构对 BIM 支持性以及初始知识扩散者的分布位置定义初始值，其中，扩散意愿 γ、决策偏好 δ 如表 6.2 所示。

表 6.2 　　　　　　　　　　扩散意愿 γ 与决策偏好 δ 的取值

扩散意愿 γ	决策偏好 δ	
	$\delta = 0.3$	$\delta = 0.6$
$\gamma = 0.5$	$\gamma \times \delta = 0.15$	$\gamma \times \delta = 0.30$
$\gamma = 0.6$	$\gamma \times \delta = 0.18$	$\gamma \times \delta = 0.36$

在 BIM 扩散中，仿真分为两种情况进行，无国家及行业机构的支持（即：$\varepsilon = 0$）和存在支持（即：$0 < \varepsilon < 1$，在这里取值 $\varepsilon = 0.1$，0.2）进行演化。

由于网格空间太大会影响仿真速度，而太小又会影响仿真结果的稳定性，为此，本研究参考相关文献，元胞空间用正方形网格表示，其大小为 $n = 50$ 的网格，取摩尔（Moore）型。假设在初始状态下，接受创新的个体占 1/10（扩散位置随机）；未接受创新的个体为 9/10，模拟次数为 50 次。

6.1.3.2　仿真结果分析

1. 不同迭代次数的 BIM 接受者比例的变化。

参数的设置情况是：扩散意愿 γ 和决策偏好 δ 分别取值 0.5 和 0.3，无国家及行业机构的支持 $\varepsilon = 0$，BIM 的扩散依赖于核心企业的创新传播，核心企业对 BIM 的传播受到外部环境的影响，图 6.4 中黑色区域由已获得 BIM 创新的单元格组成，白色区域由未受到传播的单元格组成。

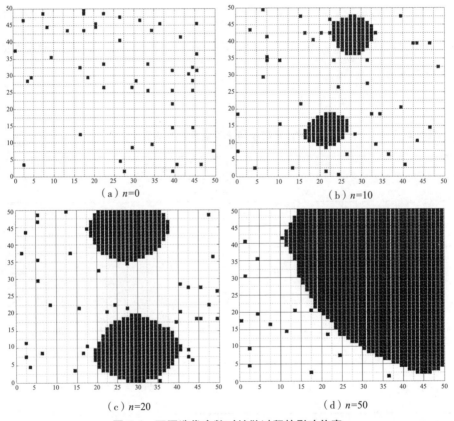

图 6.4　不同迭代次数对扩散过程的影响仿真

从图 6.4 中可以看出，BIM 知识几乎以均等的速度向各个方向传播，同时因为传播是随机的，所以黑色区域是不规则的圆形，而且创新扩散者的数量有所变化，呈现块状发展，但是随着时间的延长，黑色区域对圆形的偏离会逐渐减少。从图中还可以看出，如果 BIM 的积极型决策方已有一定数量，BIM 在其他积极型决策方积极引进和保守方仿效的相互作用下，很快就会以扩散源（最初掌握该技术的几家建筑企业）为中心迅速扩散开来，最后，除了极少数企业以外，几乎所有企业都会采用该知识。从 BIM 的时间来看，可以假设块状区域为上海、北京等发达区域成为 BIM 创新传播的重要地区，以具有市场领导地位 BIM 应用超前的设计单位作为市场的领先者，在一定的内部因素和外部因素的影响下，选择随机性扩散，并随着扩散的过程，呈现明显的区域性（块状）。

2. γ 和 δ 不同取值对 BIM 知识扩散的影响。

取迭代次数为 $n=10$，从参与个体已被 BIM 扩散的数量角度分析，图 6.5 (a) 和 (c) 中，参与个体扩散意愿 γ 和接受个体的决策偏好 δ 的取值均较小时，经过 10 个仿真时钟后，被扩散的单元格呈现出较小的黑色区域，这说明 BIM 扩散过程中，BIM 知识扩散到的参与个体数量较少；在图 6.5 (b) 中，参与个体扩散意愿 γ 和接受个体的决策偏好 δ 分别取一个相对较大的值时，经过 10 个仿真时钟后，被扩散的单元格呈现出较大的黑色区域，这说明扩散过程中，BIM 知识扩散到的参与个体数量较大；在图 6.5 (d) 中，参与个体之间的扩散意愿 γ 和决策偏好 δ 取值都较大时，经过 10 个仿真时钟，被扩散的单元格几乎占据 50% 的网格空间，这说明 BIM 知识扩散到几乎一半建设项目参与个体中。

同时，从该图中可以看出，随着项目参与个体之间的扩散意愿 γ 和决策偏好 δ 取值的不断增大，BIM 扩散平均速度不断加快。其中，从图 6.5 (a) 和 (c) 中可以得出，随着项目参与个体扩散意愿的不断增大，BIM 扩散平均速度变化不明显，BIM 扩散者意愿 γ 的改变虽然对 BIM 扩散平均速度影响

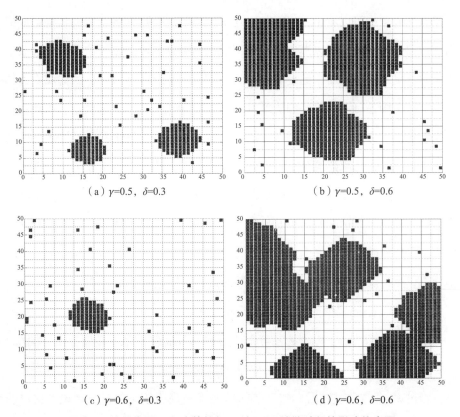

（a）$\gamma=0.5$，$\delta=0.3$　　　　　（b）$\gamma=0.5$，$\delta=0.6$

（c）$\gamma=0.6$，$\delta=0.3$　　　　　（d）$\gamma=0.6$，$\delta=0.6$

图6.5　扩散意愿γ和决策偏好δ对BIM扩散过程的影响仿真图

较少。但从图6.5（a）和（b）的黑色区域分布中可以看到，图（a）中因决策偏好较小，在块状黑色区域中较少，更多的原BIM知识接受者并未发挥扩散作用，这说明不同的BIM扩散者意愿对BIM接收者有所选择，使得BIM扩散区域较少，造成BIM扩散的不均匀。由此得出以下结论，项目参与个体知识接受者的决策偏好对BIM扩散平均速度影响较大，而BIM扩散者意愿对BIM扩散区域的影响较大。

3. 初始知识扩散者的分布位置对BIM知识扩散过程的影响分析。

将建设项目BIM参与个体扩散意愿γ和接受个体的决策偏好δ取值保持

不变，BIM 扩散者影响力取摩尔（Moore）型，扩散位置改为三种随机选取时，进行相应的编程，对比位置改变前后的仿真结果，在三个随机不同位置分别选取相同的迭代次数进行比较，如图 6.6 所示。

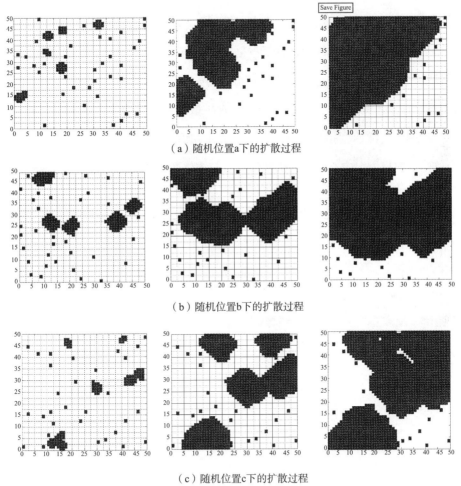

（a）随机位置a下的扩散过程

（b）随机位置b下的扩散过程

（c）随机位置c下的扩散过程

图 6.6　扩散者初始位置对 BIM 扩散过程的影响仿真图

说明：参数取值：$\gamma = 0.5$，$\delta = 0.6$，$\varepsilon = 0$。

从建设项目参与个体已被 BIM 创新者扩散的数量角度分析，参与个体扩散意愿和接受个体的决策偏好取值均为 $\gamma=0.5$，$\delta=0.6$，选择无国家及行业机构的支持（$\varepsilon=0$）时，经过50个仿真时钟后，图6.7中的不同随机位置的迭代次数分别为 $n=3$、8、15 的 BIM 知识扩散的状态。其中，三种随机位置下，具有多个初始创新者开始传播 BIM，并随着迭代次数的增加，呈现块状区域发展，并最后构成一个区域发展。图6.7中（a）与（b）（c）比较而言，被扩散的单元格呈现出较小的黑色区域，且仅占据了网格空间的左上方位置，扩散速度相对较慢，这说明 BIM 扩散过程中，扩散者初始位置远离组织中心时，参与个体数量较少；对（c）和（b）进行比较，被扩散的单元格面积相对位于（b）和（c）中间，扩散速度相对较快，这说明 BIM 知识扩散过程中，扩散者初始位置距离建设项目组织中心越近，扩散到的参与个体数量越大。

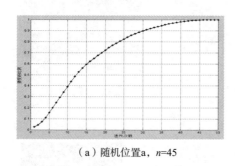

（a）随机位置a，$n=45$

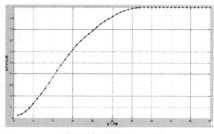

（b）随机位置b，$n=32$

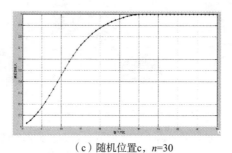

（c）随机位置c，$n=30$

图6.7　扩散者初始位置对 BIM 扩散至整体的影响仿真图

说明：参数取值：$\gamma=0.5$，$\delta=0.6$，$\varepsilon=0$。

从图 6.7 中的扩散者初始位置对 BIM 扩散至整体的影响仿真图可以看出，扩散在随机位置 b 和 c 达到整体的迭代次数分别是 $n_b = 32$，$n_c = 30$，而随机位置 a 扩散达到至整体却需要迭代 $n_a = 45$，三条曲线都符合 Bass 经典创新扩散模型的"S"曲线。图 6.7 的迭代曲线从侧面更加形象地证明了初始扩散者的位置直接影响 BIM 的扩散过程。

由此可见，初始 BIM 知识扩散者在建设项目组织中的地位对于扩散速度有较大的影响。如果初始 BIM 扩散者是核心参与成员，则可以保证项目以较快的扩散速度传播 BIM；反之，如果初始 BIM 扩散者位于项目的边缘位置，则不利于 BIM 扩散，这揭示了核心参与成员在 BIM 扩散中的重要地位。如果上述核心成员充分利用自身在建设项目中所拥有的技术和市场等方面的优势地位，对其他紧密相关的项目参与者采取培训教育、提供 BIM 技术咨询和增强 BIM 软件兼容性或增加软硬件投资等激励措施，对提升 BIM 知识扩散速度，全面发挥 BIM 对整个行业的作用具有十分重要的意义。

4. BIM 知识扩散随机性分析。

由上述仿真结果分析得出，在 BIM 扩散过程中，参与个体之间建立良好的关系氛围、激励 BIM 扩散者的扩散意愿是提高 BIM 扩散速度和效率的有效途径。值得注意的是：在仿真图中不同的模拟过程中，由于扩散者与接受者的随意性较大，导致扩散者的分布区域与扩散意愿的不同，对扩散效果造成较大的差异性。正如上文所述，造成这种随意性的很大部分原因在于初始 BIM 知识扩散者的分布位置不同，网格中元胞的不同的位置意味着初始 BIM 扩散者面临着不同的环境，会对扩散方向和速度产生很大的影响。

在 BIM 知识扩散的实践中，这种随意性的打破主要是由软件供应商的市场促销力度（教育培训、软件免费试用、赞助 BIM 建模比赛等形式）和具有市场领导地位的设计方（主要基于未来技术趋势和项目收益考虑）来完成的。由于现阶段包括业主方在内的众多项目参与方在被动地接受 BIM 知识，以 BIM 在实践项目的实施为纽带，可以实现 BIM 知识的区域性稳定扩散状态。另一方面，在国外的 BIM 理论与实践经验中，外部的因素（例如政府及行业机构的支持性）对 BIM 技术影响非常重要，随着 BIM 技术市场的普及与认可，BIM 软件开发商已完成市场推广的使命，开始专注于技术服务与咨询，具有市场领导地位的设计方注意力开始转向企业内部知识的扩散，调整组织架构、改变设计工作流程、内训技术人员及开展项目试点成为初始 BIM 扩散者的主要任务。

5. 外部因素 ε 对 BIM 知识扩散过程的影响分析。

在本节中，将建设项目参与个体初始 BIM 扩散者扩散意愿 γ 和接受者决策偏好 δ 取值保持不变，将国家及行业机构对 BIM 的支持性 ε 设为 BIM 扩散者影响力，针对 Moore 型进行编程，进行对比外部因素对 BIM 知识扩散的影响力。为了便于观察，取初始扩散者比例为 5%。

从图 6.8 已看出，国家及行业机构对 BIM 的支持性 ε 对 BIM 的扩散效果影响明显，支持强度越大越有利于创新的扩散。以图 6.8（a）为例，当 $\varepsilon=0$ 时，BIM 从初始扩散者扩散到整个网格，迭代次数应达到 37 次（图中只显示迭代 30 次的情况），扩散过程相对漫长。而当 $\varepsilon=0.15$，2 时，迭代次数大为减少，分别为 12 次和 7 次，国家及行业机构 BIM 支持性对 BIM 知识扩散促进作用明显。通过 6.8 中（a）和（b）比较，ε 对 BIM 扩散速度敏感性较高，ε 每提高很少的比例都会对 BIM 扩散非常大的影响，当 $\varepsilon=0.2$ 时的扩展曲线几乎无异，这样就可以在很大程度上弥补扩散意愿和决策偏好的不足。这种支持性主要包括两个方面的内容；一是技术方面，例如 IFC/IDM/IFD 的基础性研究、国家标准、软件交互性的规范等内容；二是主要涉及国家相关政策方面，例如，国家和地区的 BIM 实施战略或路线、项目试点、资金支持以及现有建筑行业适应基于 BIM 的 IPD 模式的标准合同文本格式等。从北美、东欧及亚洲部分发达国家或地区 BIM 知识扩散的成功经验来看，国家及行业机构在技术、标准、政策等外部因素方面对 BIM 知识扩散的导向作用显著。

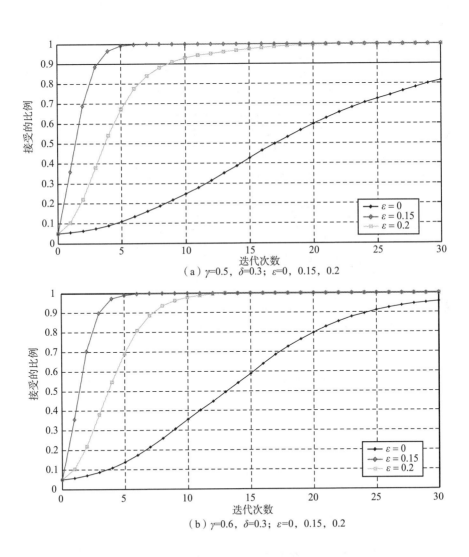

（a）γ=0.5，δ=0.3；ε=0，0.15，0.2

（b）γ=0.6，δ=0.3；ε=0，0.15，0.2

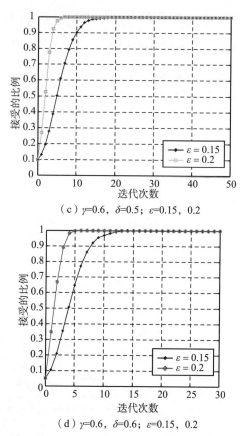

（c）γ=0.6，δ=0.5；ε=0.15，0.2

（d）γ=0.6，δ=0.6；ε=0.15，0.2

图6.8 不同参数状态下国家及行业机构支持性 ε 对 **BIM** 扩散过程的影响仿真图

6.2 基于 BIM 的建设项目技术协同分析

6.2.1 BIM 建模的技术要素

1. BIM 的建模技术。

BIM 的建模实现需要具体解决以下四个方面技术要素，如图 6.9 所示。

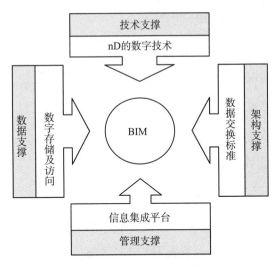

图 6.9　BIM 建模的技术要素

资料来源：张洋，2009。

（1）*n* 维数字技术是 BIM 的技术支撑。

目前主流的 BIM 软件全部实现了建筑产品 3D 模型表达方式，4D 建模技术相对比较成熟，正在向 5D 模型发展，为 BIM 模型的提供可视化与模拟化的技术支撑。

（2）数据存储及访问技术是 BIM 的数据支撑。

建立特定的 BIM 工程数据库是实现建筑生命期复杂信息存储、数据管理、高效查询和传输的基础，而对 STEP 文件 ifcXML 文件、模型视图定义及工程数据库的访问技术则实现了对这些数据资源的访问支持。

（3）信息交换标准是 BIM 的架构支撑。

BIM 的主要特性就是互操作性性，而实现交互性的基本条件就是对交互信息和交互方法实现标准化，使得信息交换各方对数据的语义信息的理解达成一致。目前，IFC 是建筑工程领域被广泛接受和采纳的建筑产品模型标准。

（4）信息集成平台是 BIM 的管理支撑。

为了实现信息管理和共享，建设 BIM 信息集成平台就非常必要，在信息集成平台上可以实现 BIM 数据的读取、保存、跟踪和扩充，确保数据的准确性和一致性，支持数据的并发访问，通过应用程序接口提供与各阶段不同的应用软件信息交换。

2. BIM 技术的软件应用分析。

从目前市场所提供的 BIM 软件来看，几乎所有的专业应用软件只是涉及工程项目生命周期的某个阶段或某个专业领域内的应用。但由于缺少统一、规范的信息标准，不同软件开发商开发的应用系统之间无法实现信息集成和共享（Eastman，2008；张建平，2009），目前建设项目中各参与主体间的信息交流还是局限于 2D 图纸。

BIM 软件的范围很宽泛。何关培（2010）按照工程的进度需要、专业任务将 BIM 软件分为 12 个专业以及 BIM 核心建模软件、基于 BIM 模型分析软件等两大基本类型。肯特等（Kent et al.，2010）也对 BIM 各功能的应用情况做过调查，分析 BIM 各功能的应用情况，认为 BIM 的形象可视化、冲突检测、协同设计、施工模拟、基于模型的估价、空间验证等 6 项功能的应用率比较高，而数字化建造、环境分析、设备管理等其他功能的应用率相对较低。何清华等（2012）基于目前具有国际和行业影响力并应用于中国市场的 32 款 BIM 软件进行分析（如图 6.10 所示），可以看出设计阶段中"绿色设计"、"规范检查"和"造价管理"三个环节仍出现了"孤岛现象"，BIM 技术并未实现建筑业信息化的横向打通。

3. BIM 技术标准。

为保障建设工程的 BIM 技术在全寿命周期中发挥最大的效能，关键取决于建模技术的互操作性。互操作性是指不同的系统和组织共同工作（互操作）的能力（Venugopal et al.，2012）。美国80%的 BIM 软件工具使用者认为，实

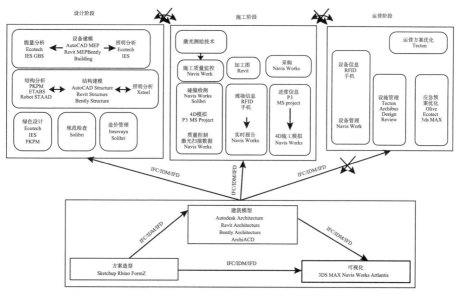

图 6.10　32 款 BIM 软件的功能分类和相互间信息交互性分析

资料来源：何清华等，2012。

现 BIM 的全部潜力，软件应用程序之间缺乏互操作性成为主要的限制因素（Young et al.，2008），解决"互操作性"的根本途径是信息化标准，BIM 标准主要包括 STEP（standard for the exchange of product model data）、IFC（industry foundation classes）、IFD（international framework for dictionaries）、IDM（information delivery manual）及 MVD（model view definition）等相关标准。

在 IFC 与 IFD、IDM 及 MVD 之间的关系中，IFC 标准为全球的建筑专业与设备专业中的流程提升于信息共享建立一个普遍意义的基准，覆盖了 AEC/FM 中大部分领域。IDM 标准定义了每个阶段所需交换的建筑信息以及它与整个建筑信息模型之间的关系，使建筑信息模型能够得到正确地识别，解析了 IFC 模型所包含的信息。IFD 标准的功能就是对 IFC 模型的一个翻译，提供了一个基于 IFC 的 BIM 与项目和产品特定的数据模型和各种数据库之间的链接，使其操作更具灵活性（buildingSMART，2008）。MVD 是信息提交手册中具体交互流程的集合，是协同设计数据模型的一个子集，是不同软件实现兼容性的保障（如图 6.11 所示）。只有通过 IFC 标准、IDM 标准、IFD 标准与 MVD 的制定和使用，才能真正实现 BIM 技术对建筑信息模型的共享与转换，它们之间的关系如图 6.12 所示。

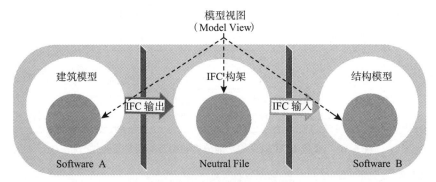

图 6.11　交换框架的模型视图

资料来源：Venugopal et al.，2012。

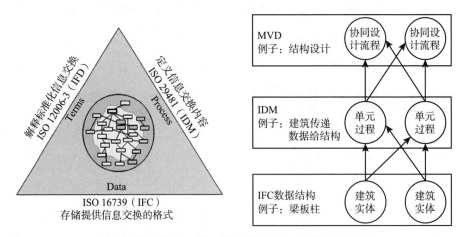

图 6.12　IFC、IFD、IDM 与 MVD 之间的关系

资料来源：buildingSMART，2008；李楚，2011。

6.2.2　基于 Open BIM（开放建筑信息模型）的协同平台研究

从 BIM 的建模技术上来看，建设项目协同面临七大关键问题：缺乏真正的协同流程、数据转换过程中信息丢失、对其他参与方信息理解问题、对其他参与方创建的建筑信息利用有限、缺乏持续的各方之间的设计变更、缺乏多方之间整体的协同环境、缺少用于建设的精益模型（王广斌，2012）。解决以上这些问题思路主要存在两种方法，一是"平台"的方法，就是在相同软件解决方案的基础上实现不同软件之间协同的方法，通过平台的信息转换，充分利用其他参与方的信息，解决不同软件之间的兼容和互用性问题；二是"开放"的方法，就是基于模型协同的基础上实现不同软件解决方案的方法，特点是不同系统相互独立，流程透明，BIM 项目数据具有相对完整性和所属性。

由于基于 Open BIM 的协同平台在国内刚刚起步，还处于理念接受阶段，受制于我国建设行业的编号与分类、标准与规范以及 CNBM 的相关工作的制约。因此，本研究以下内容将阐述 Open BIM 的基本内涵，建立协同平台的初步框架，为 BIM 实现技术协同提供一个初步的解决方案，并用新加坡吉宝湾映水苑项目案例简要阐述 Open BIM 的应用理念。

6.2.2.1　Open BIM

Open BIM 指的在开放的标准和工作流的基础上，进行建筑工程协同设计、施工和运营的一种通用的方法（buildingSMART，2010），Open BIM 是 buildingSMART 组织和一些世界领先的软件供应商，通过使用开放的数据模型而建立起来的一种倡议，它也是数据利用不依赖于某种软件或者格式进行的数据管理和模型方法（靳金，2010）。Open BIM 的价值主要体现在：建设项目个参与方可以在各自领域提供"单向优势"的最佳解决方案，保持独立软件升级而不会受到相应的影响，大大降低了协调错误，为建筑物的建设和运营的整个生命周期提供的 BIM 模型数据。

Open BIM 的功能主要体现以下几个方面：

（1）支持一个透明的、开放式的工作流程，允许无论项目参与方使用何种软件工具，都可以顺利参与并获取信息。

（2）为广泛建设流程建立一个共同的语言，可以促使行业和政府的采购项目保持透明的商业接触和进行可比较的服务评价，并保证数据质量。

（3）可以在整个建设项目生命周期中，提供永久性项目数据的使用，避免多次输入相同的数据和出现相应的错误。

（4）依托互联网，通过在线提供建筑产品信息与资料，用户可以直接进入 BIM 来根据需求实现准确搜索或交付产品数据。

6.2.2.2　BIM 与协同平台建设的研究现状

近年来，国外的一些学者及研究机构对 BIM 技术进行了深入的研究和应用开发。哈尔法威和艾哈迈迪（Halfawy & Mahmoud，2007）完成了基于 BIM 技术的建筑集成平台的研究，已开发完成图形编辑、构件数量统计、预算、工程管理等功能。努尔（Nour，2010）开发完成了基于 IFC 标准动态建筑信息模型数据库，通过此数据库设计师可以获得材料供应商提供的材料清单，并可实现特殊材料得订购。格尔帕瓦尔和玛尼（Golparvar & Mani，2010）使用 BIM 技术和摄像技术相结合，将既有建筑的资料输入计算机中，实现其 3D 施工的模拟，并对下一步维修施工做出合理规划。伊士曼（Eastman，2012）通过研究认为，未来 5~10 年将有 3 种类型的 BIM 协同服务器（BIM severs）

市场成熟起来，具体包括为设施运营和维护管理的服务器；面向项目的工程设计与施工服务器（支持广泛的 BIM 应用软件、变更管理及数据同步功能）；面向构件加工厂管理定制的服务器（如幕墙、扶梯、电梯、预制构件等加工管理）。此外，欧美国家的有关软件供应商和组织已经开展 Web-BIM 数据服务器研究与开发。在国内，张建平等（2011）开发完成了基于 IFC 标准的建筑工程 4D 施工管理系统（4D–GCPSU 系统），提供了基于网络环境的进度管理、资源管理、施工场地管理和施工过程可视化模拟等功能和 4D 动态集成管理。刘照球等（2010）对基于 BIM 技术建筑结构设计模型集成框架进行了研究，开发构建了涵盖建筑和结构设计阶段的信息模型集成框架体系。李犁（2012）初步设计了 BIM 协同平台，对信息输入输出、构件查询、工程概算以及 IFC 模型与 ETABS 模型、SAP 模型数据转换的功能进行了演示。

通过以上的研究经验来看，本研究认为我国在 BIM 技术的应用过程中协同平台和信息管理目前仍处于不成熟阶段，还存在以下几个问题：

（1）IFC 尚不能支撑完整的 BIM 应用过程。目前，IFC 被 ISO 采纳的仅是其中的"平台部分"，在 IFC 规范主体实体相关的功能和领域中还有大量的数据未被采纳（例如钢筋、造价、工程量、资源等模型数据），应用软件中采用 IFC 文件传递的数据也仅限于平台部分。

（2）BIM 流程中完全是静态数据。将设计流程中所产生的 3D 模型全部以静态数据传递到工程量计算流程中，将导致工程量计算结果与计算规则不相符，因此，对专业知识的支持能力需要加强。

（3）BIM 应用主要是基于磁盘文件。这种方式使用过程烦琐，数据安全无保障。一是由于模型的分割、组合需要专门的操作过程，不同的操作者、随时间推移对文件名称的理解含混不清，模型数据的版本管理比较困难；二是由于数据更改没有权限制约，数据存储在个人计算机上存在安全隐患，所以基于文件的 BIM 数据安全缺少保障。

（4）模型数据管理压力大。按现在的方式应用BIM，对于一个10层以上的写字楼，将产生几百个模型文件，面临巨大模型数据管理压力。美国建筑科学院（NBIMS，2007）曾对美国 BIM 应用数据互用能力的评估结果显示，目前这种基于文件的 BIM 数据互用能力 BIM 数据互用能力仅相当于理想要求的 0.1 ~ 0.3，距离理想的目标差距甚远。

6.2.3 基于 Open BIM 的协同平台建设框架

以王广斌教授为首的同济大学 BIM 研究团队一直致力于研究 BIM 在建设项目跨组织中的应用与 BIM 建模技术，依托于国家自然科学基金和中韩联合研究项目，积极开展理论研究和实践探索，并取得一定的研究成果。下面结合团队及笔者的相关研究成果，讨论基于 Open BIM 的协同平台建设的初步框架。

1. 一致性协同平台的逻辑结构。

哈维（Harvey，2009）认为，建筑信息模型的建立与分享是众多项目参与者无数次协同工作的结果，所有参与者的协同工作都需要以建筑信息模型为中心进行，允许信息能够被多个参与者浏览，并且允许信息在多个机构及不同软件系统之间能够共享。但在目前的工作方式下，不是所有的参与方都直接从同一个模型着手进行工作的，如果相关专业工作人员正使用与数据模型相匹配的软件的话，他们可以直接从更新的数据模型中取得信息进行工作，例如，结构工程师改变结构中柱子尺寸时，BIM 模型中的柱子信息会立即更新。因此，基于以上考虑，建立基于 Open BIM 的协同平台的逻辑结构（如图 6.13 所示）。

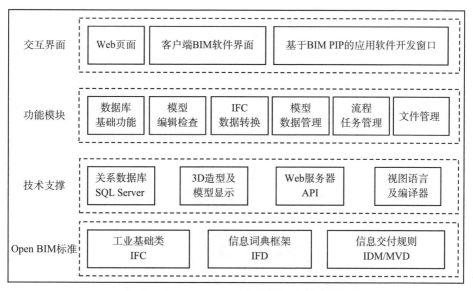

图 6.13　基于 Open BIM 的协同平台的逻辑结构

　　基于 Open BIM 的协同平台的逻辑结构主要有四部分组成，基础层是 Open BIM 标准，是实现 BIM 建模技术的 IFC 及相关标准；技术支撑层主要是由数据库服务器及其相关程序组成，保证模型的建立；功能模块层主要涉及数据的收集、编辑、清洗、转换与任务和文件管理，负责日常的数据管理职能，保证数据的质量；最顶层是用户层，BIM 协同平台的使用者通过窗口的界面进行数据访问、修改与存储。

　　2. 基于 Open BIM 的 Bimcotion 协同平台的基本架构。

　　根据格里洛（Grilo，2010）BIM 互操作性的发展轨迹，结合 Open BIM 标准，本研究通过数据库开发与管理技术，建立如图 6.14 所示的 Bimcotion 开发平台，Bimcotion 协同平台联通各种 BIM 平台，支持 BIM 软件开发，集模型数据处理与信息管理于一体的 Web-BIM 信息管理系统，体现了 Open BIM 理念。

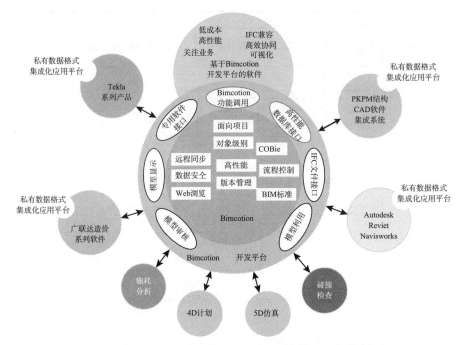

图 6.14　基于 Open BIM 的 Bimcotion 开发协同平台基本框架

Bimcotion 协同平台主要包括三部分内容：

（1）以高性能 Web-BIM 数据库为核心，具备完善的 BIM 模型数据管理功能。高性能 Web-BIM 数据库以其优异的网络传输与数据转换性能、数据安全可靠、支持 Open BIM 标准等特性，构成 Bimcotion 的基础功能，如图 6.15 所示。其中，基本功能包括数据库创建、存取与维护、访问权限、安全保障、版本管理等，支持 Web 浏览和数据的查询与分析，在支持 IFC/IFD/IDM 及 MVD 的基础上，可以实现对象级别的管理粒度、高性能数据传输与转换和远程同步的并行访问。

（2）基于 Open BIM 及 Web 服务的流程及任务管理、项目文档管理。对 BIM 工作流程、任务、文档的管理与支持，是 Bimcotion 面向项目的具体体现。在图 6.16 中，罗列了项目在设计和施工阶段的部分 BIM 工作流程、任务与文档管理。

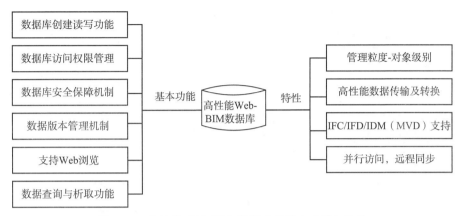

图 6.15 高性能 Web-BIM 数据库的基本功能与特性

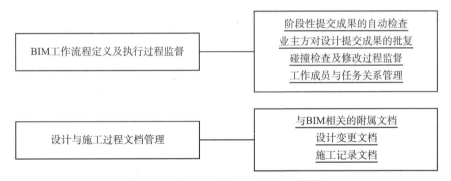

图 6.16 BIM 工作流程、任务与文档管理

由于当前 BIM 在国内的发展还处于初级阶段，应用主要集中于设计阶段，而且应用深度有限。当前 BIM 在设计阶段的应用流程基本有两种，一是传统基于设计院的二维图纸的建模；二是基于业主进一步应用的需求进行建模（如图 6.17 所示）。第二种流程较第一种的应用较为深入，从业主的需求出发，或者从模型后期的应用出发，有利于体现 BIM 的价值。通过对现有的 BIM 团队流程进行优化，梳理原有 BIM 实施过程，可以有效提高工作效率和提升交付件的质量。流程的优化过程从业主的需求出发，截止到最终成果的交付的全过程（如图 6.18 所示）。

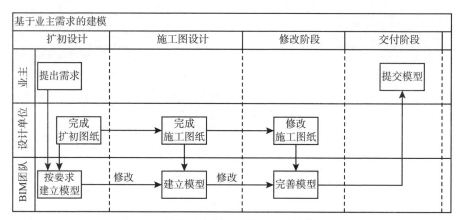

图 6.17　基于业主需求的 BIM 模型传递过程

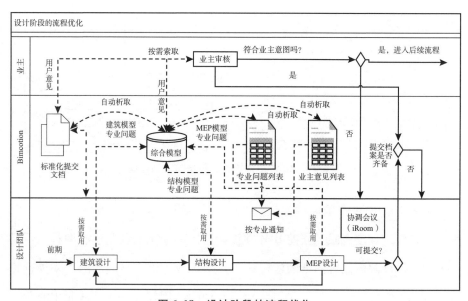

图 6.18　设计阶段的流程优化

（3）提供基于 Open BIM 的 Bimcotion 开发平台插件，支持 BIM 软件开发。在高性能 Web-BIM 数据库的基础上，通过优化 BIM 的工作流程，提供开发平台的内置插件，主要包括 Web-BIM 数据库的访问接口、与 IFC 文件转换接口与功能调用接口以及 BIM 模型的数据更新接口，还有面向用户的 BIM 模型的数据编辑与显示、进度与工程量计算等相关调用接口，如图 6.19 所示。Bimcotion 对协同工作的支持能力通过 Bimcotion 软件开发平台充分发挥出来，可为现有 BIM 软件提供插件，与 BIM 软件联通，也可以基于 Bimcotion 平台开发新的 BIM 软件，相关的软件如图 6.20 所示。

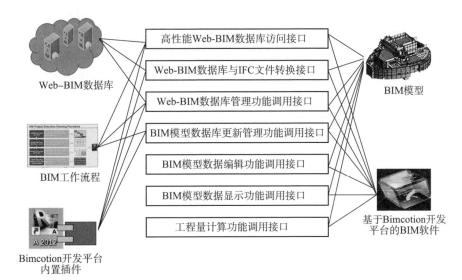

图 6.19　Bimcotion 开发平台的内置插件

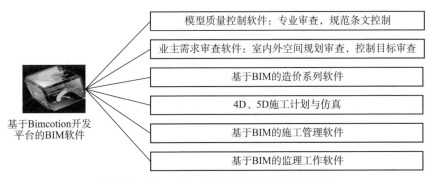

图 6.20　Bimcotion 开发平台的 BIM 软件分类

第 7 章

结论与展望

7.1　研　究　结　论

纵观全球，建筑业一直因生产效率低下、浪费巨大、产业化程度落后、缺乏低碳与可持续性等原因而广受诟病。由于建设项目趋于大型与复杂化，参与主体数量众多，工程与参与方目标多样化而相互制约，面临复杂的发展环境，因此，建设项目被认为是一个复杂社会网络系统。建设工程项目参与主体之间的协同缺失被业内认为是造成上述问题的重要原因，BIM 技术的迅速发展为解决建筑生产过程的信息割裂和改善协同模式提供了契机，但参与主体的协同管理仍存在许多亟待解决和完善的问题。基于以上背景，本研究对 BIM 情境下的建设项目协同管理机制开展研究，考察社会网络嵌入式结构对协同管理的影响，关注协同因素的演化规律，提出协同管理的相应解决方案。本研究采用仿真技术和案例方法分析了上述影响过程，主要的研究结论如下：

1. 基于 BIM 的建设项目协同管理机制主要来自组织合作关系、团队协作激励、BIM 知识扩散与技术协同等四个关键因素。

本研究通过文献综述法与问卷调查的方法对基于 BIM 的建设项目协同管理影响因素进行了分析。研究的结果表明，BIM 情境下的协同管理因素主要聚焦于组织合作关系、协作激励、BIM 知识扩散与技术协同等四个关键因子上；同时，通过主因子的影响力分析，可知建设项目中不同的参与主体对影响因素存在一定的差异性，随着不同的 BIM 成熟度，因子表现出动态演化的趋势。

2. 基于 BIM 建设项目协同管理中的组织合作关系因素，随着合作规则的改变，在不同的社会网络复杂性结构下表现出不同的动态演化规律。

在具有 WS 小世界特征 BIM 情境下的建设项目社会网络中，通过构建模型和模拟仿真，研究表明：

（1）随着建设项目网络平均节点度的不断增大，网络平均路径长度是不断减少的，而聚集系数却随之增加。项目参与个体之间有形成内部小团体的趋势，平均路径长度的降低将更有助于内部沟通和信息共享。在不同博弈模型与博弈机制的组合中，模仿机制下多人和有回报雪堆博弈中的网络合作稳定性较弱，而且 BIM 的收益折减系数只适用于博弈的初始阶段，反省机制下有回报雪堆博弈的稳定状态同额外回报与成本的比值有关。

（2）在模仿机制策略下，建设项目参与个体的合作数量随着网络平均节点度、收益折减系数增大而增加，但随着损益比的进一步增大，合作者得到的收益值将减少而逐渐失去竞争优势，业主为主导的惩罚约束机制可以很好地抑制合作机会主义倾向；在反省机制策略下，随着损益比的增大，合作频率会逐渐减小，但不会出现极端情况，当项目参与主体间的沟通不断增大时，合作变化范围就会越小。

在具有 BA 无标度网络特征 BIM 情境下的建设项目社会网络中，通过构建模型和模拟仿真，研究表明：

（1）BIM 情境下建设项目合作网络的合作频率在不同历史记忆下，呈现阶段性增长式发展，合作网络中的关键参与主体的节点通常选择合作策略，但会因连接大多数小度节点参与方的欺骗而导致合作频率下降。当损益比较小时，网络组织参与方更易于理性，趋向于建立稳定建设项目契约关系；而损益比足够大时，将导致整体的利益受到损失。因此，考虑恰当损益比的契约制度对建设项目协同至关重要。

（2）在雪堆博弈中，中性 BA 网络主要参与方对于大度邻居与小度邻居的选择是最合理的，建设项目各参与方之间可以保持既与少量中心节点相连，又与他们共享很少量的邻居。与同配或异配网络相比，中性 BA 网络的合作频率更高，最利于合作的涌现，具有中性网络特征的建设项目组织结构有助于协同的实现。

3. 建设项目协同管理中的团队协作激励机制是一个动态过程，合作方讨价还价能力、贴现因子、参与方资质能力的不确定性、协同效应等对两阶段最优动态激励契约模型产生重要影响。

本研究考虑声誉（或棘轮）对激励机制的影响作用，通过算例验证的方法，研究表明：

（1）当同时满足声誉激励机制有效均衡条件和帕累托改善条件时，引入声誉激励因素的激励契约，能够以更低的激励系数促使参与方付出更高的努力水平，这是因为声誉激励机制对建设项目参与方发挥了长期的激励效应。

（2）当参与方讨价还价能力越强时，最优激励系数呈现下降趋势，而参与方的最优努力水平就越高，这说明参与方声誉越高，声誉效应就越大，实践中业主方可以适当减弱对参与方的收益激励程度。这是由于项目 BIM 中实践的设计方、施工方等参与方比较看重长期受益，而且 BIM 声誉的不断提高有助于提升他们的市场竞争力。

（3）随着团队协作效应的增加，建设项目各参与方的努力水平和协作水平随之提高，收益激励系数和团队分享系数也都相应地增加。一方面，团队的协同效应强化了团队分享的正面激励作用；另一方面，参与方也因协同效应强化了收益激励的正面激励作用。

4. BIM 知识扩散和技术协同平台建设是 BIM 环境下建设项目协同管理的重要条件。本研究利用元胞自动机原理，证明了项目扩散者意愿和参与个体决策偏好的内部因素、参与个体与邻居影响关系和国家及行业机构对 BIM 支持性等外部因素对 BIM 知识扩散过程具有显著的影响。研究表明：

（1）以具有市场领导地位 BIM 知识应用超前的软件开发商和设计单位作为市场的领先者，在一定的内部因素和外部因素的影响下，选择随机性扩散，并随着扩散的过程，呈现明显的区域性（块状）。随着项目参与个体之间的扩散意愿和决策偏好取值的不断增大，BIM 知识扩散平均速度不断加快。初始 BIM 扩散者在建设项目组织中的地位对于 BIM 扩散速度产生较大影响。核心成员可充分利用自身拥有的技术和市场等方面优势地位，通过对其他紧密相关的项目参与者进行培训教育、提供 BIM 技术咨询、增强 BIM 软件兼容性或增加软硬件投资等，提高建设项目的 BIM 知识扩散速度。

（2）网格中元胞的不同位置意味着初始 BIM 扩散者面临着不同的环境，会对扩散方向和速度产生很大影响。国家及行业机构的 BIM 支持性对 BIM 知识扩散效果影响明显，支持强度越大越有利于创新扩散，可以在很大程度上弥补扩散意愿和决策偏好的不足。政府应通过制定适合我国行业特点的 BIM 技术实施战略与技术路线，来保障 BIM 技术在我国全面有效的扩散与应用。

（3）建设项目协同管理需要建立在技术协同基础之上，本研究应用 Open BIM 内涵，构建了基于 Open BIM 的协同平台建设初步框架，涵盖了 Web-BIM 的数据管理功能，流程及任务管理、项目文档管理以及平台插件设计等核心内容。

7.2　研究局限与展望

7.2.1　研究局限

近几十年来，理论界和行业界一直关注建设项目协同管理的相关研究，已经具有一定的研究框架和理论基础。随着 BIM 理念渐入人心，越来越多的学者和业内人士开始聚焦于 BIM 技术的研究，BIM 相关主题研究已成为建设工程行业新的研究热点，但其相关研究刚刚起步，仍处于前期探索阶段。本研究对 BIM 情境下的建设项目协同管理机制进行了分析，是采用新视角研究新问题的一次尝试。由于研究对象的复杂性和存在诸多未知制约因素，本研究仅仅只是一个开端，仍然存在着许多局限，主要包括以下两个方面：

（1）影响建设项目协同问题的因素有很多，虽然本研究从组织关系、环境、信息技术等多个维度进行总结分析，并对 BIM 与协同相应影响因素进行了交叉比较，但仍忽略了不同项目之间差异性、合作经验等因素的影响。在研究过程中，缺乏考虑影响因子之间的相互关系与重要程度，割裂了不同因素间的相互作用，值得进一步开展相关研究。

（2）建设项目各参与主体等同的工作能力是本研究的局限性之一。本研究研究的重点是项目参与主体行为与协同管理之间的关系，假定了参与个体行为一致性。而在现实中的建设项目社会关系网络中，以业主、设计方与施工方组成的"铁三角"关系由于在市场地位、议价能力和 BIM 为代表的信息技术掌握能力等方面存在较大差异，使得相关参与主体行为存在显著性差异，导致社会网络关系更加复杂。行动者的决策受到全局和局部网络属性的影响，而网络属性由个体间的局部交互作用产生的，因考虑到本研究主要目的是探究团队网络随着时间的推移而如何影响绩效的，这种等同假设可以有效地排除网络影响。

7.2.2 研究展望

关于建设项目 BIM 与协同管理研究时间还很短暂，多集中于组织管理和技术开发层面上的研究，所以目前仍处于探索阶段。本研究对基于 BIM 建设项目协同问题的一般理论和应用进行了研究，但由于该课题涉及的内容十分广泛和复杂，今后还有许多值得进一步研究的问题。具体而言，主要有以下两个方面：

（1）不同的建设项目之间具有较大差异性，这种差异性势必导致建设项目协同管理作用机理的改变。在今后的研究中，应对不同规模、区域和类型的建设项目（特别是大型复杂项目）的协同管理机制进行研究，不但要注重网络结构的差异性，更应考虑网络参与个体的地位与工作能力，重点研究政府政策与技术规范（外部因素）对 BIM 的推动作用，将基于 BIM 的协同管理与转变行业生产模式结合起来，实践探索综合项目交付模式（IPD），进一步研究 BIM 对协同的影响过程和作用机理。

（2）今后课题研究范围可以从单个建设项目协同管理扩展到项目组合协

同管理、项目群协同管理等方面，突出项目参与主体的长期合作性和信用价值。对 BIM 从管理和技术两个层面结合起来进行研究，探讨 Open BIM 的理论基础与实施框架，使之相互作用与调整，以此提出有针对性和普遍性的管理建议和对策。建设项目协同理论的完善不仅具有重要的理论和现实意义，有助于实现建设项目的可持续性，而且具有长远的研究价值和广阔的探索空间，在促进我国建设项目提高生产效率和转变生产模式等方面具有重要意义。

参考文献

中文部分

［1］安索夫. 战略或协同［M］. 北京：机械工业出版社，2000.

［2］白列湖. 管理协同机制研究［D］. 武汉科技大学，2005.

［3］蔡淑琴，梁静. 供应链协同与信息共享的关联研究［J］. 管理学报，2007，4（2）：157－162.

［4］曹冬平，王广斌. 建筑业信息技术应用的行业层面影响因素研究［J］. 建筑经济，2010（7）：5－8.

［5］常涛，廖建桥. 促进团队知识共享的激励机制有效性研究［J］. 科学管理研究，2008，26（3）：74－78.

［6］陈建华. 工程项目供应链管理——激励理论与方法［M］. 武汉：湖北人民出版社，2008.

［7］陈江红，苏振民. 工程项目管理虚拟组织的构建及运行［J］. 基建

优化，2003，24（6）：3－6.

．[8] 陈文波，曾庆丰，黄荣辉．跨组织信息系统与组织间社会网络的互动关系研究 [J]．软科学，2010，24（1）：42－45.

[9] 陈勇．基于 Homans-Simon 模型的供应链合作关系动态发展机理研究 [J]．工业技术经济，2011（11）：22－27.

[10] 陈勇强．基于现代信息技术的超大型工程建设项目集成管理研究 [D]．天津大学，2004.

[11] 丁荣贵，刘芳，孙涛，孙华．基于社会网络分析的项目治理研究——以大型建设监理项目为例 [J]．中国软科学，2010（6）：132－140.

[12] 丁士昭．工程项目管理 [M]．北京：中国建筑工业出版社，2006.

[13] 丁士昭．建设工程信息化导论 [M]．北京：中国建筑工业出版社，2005.

[14] 董美红，马辉，黄梦娇．建设项目供应链协同管理研究：基于 BIM－RFID 信息模型 [C]// 学习贯彻党的十九大精神 推进"五个现代化天津"建设——天津市社会科学界第十三届学术年会优秀论文集（下），2017：1119－1125.

[15] 段永瑞，黄凯丽，霍佳震．考虑团队分享和协同效应的团队参与方多阶段激励模型 [J]．系统管理学报，2012，21（2）：155－165.

[16] 冯绍军，陈禹六．过程集成的设计和实施框架 [J]．计算机集成制造系统，2001，7（5）：1－5.

[17] 郭永辉．基于社会网络分析的航空制造企业合作创新影响因素分析 [J]．工业技术经济，2012（7）：69－74.

[18] 国家统计局．中国统计年鉴 [M]．北京：中国统计出版社，2004－2017.

［19］韩伯棠，连浩，刘宁．企业资源协同战略与可持续发展案例研究［J］．中国人口·资源与环境，2004，14（3）：123－126.

［20］何关培．BIM 和 BIM 相关软件［J］．土木建筑工程信息技术，2010（2）4：110－117.

［21］侯光明，李存金．现代管理激励与约束机制［M］．北京：高等教育出版社，2002.

［22］黄江疆，郑垂勇．组织间网络理论视野下的南水北调工程运行管理［J］．商业研究，2009，381（1）：12－16.

［23］霍春亭．中国建筑业企业劳动生产率水平分析研究［D］．哈尔滨工业大学，2013.

［24］建筑信息模型（BIM）：设计与施工的革新，生产与效率的提升［R］．麦格劳－希尔公司，2009.

［25］金颖妍．基于 BIM 成熟度的可持续建造项目社会网络分析［D］．同济大学经济与管理学院，2012.

［26］靳金，黄锰钢．基于开放性 BIM 技术的传统建筑数据库建设中的信息交换研究［J］．土木建筑工程信息技术，2010，2（3）：33－39.

［27］乐云，崇丹，曹冬平．基于社会网络分析方法的建设项目组织研究［J］．建筑经济，2010（8）：34－38.

［28］李犁．基于 BIM 技术建筑协同平台的初步研究［D］．上海交通大学，2012.

［29］李南，田颖杰，朱陈平．基于小世界网络的重复囚徒困境博弈［J］．管理工程学报，2005，19（2）：140－141.

［30］李随成，张哲．不确定条件下供应链合作关系水平对供需合作绩效的影响分析［J］．科技管理研究，2007（5）：85－90.

［31］李永奎，崇丹，何清华，郭英．建筑企业社会网络关系及对市场竞争力的影响：基于项目合作视角［J］．运筹与管理，2013，22（1）：237－243.

［32］李永奎．建设工程全生命周期信息管理（BLM）的理论与实现方法研究［D］．同济大学，2007.

［33］李卓蒙．基于社会网络的创新扩散研究［J］．科技进步与对策，2009（6）：134－140.

［34］林筠，闫小芸．共享领导与团队知识共享的关系研究——基于交互记忆系统的视角［J］．科技管理研究，2011，31（10）：133－137.

［35］林兰，曾刚．知识扩散与高新技术企业布局研究［J］．科技进步与对策，2007（3）：78－83.

［36］凌鸿，袁伟，胥正川，周江波．企业供应链协同影响因素研究［J］．物流科技，2006，29（127）：92－96.

［37］刘军．社会网络分析导论［M］．北京：社会科学文献出版社，2004.

［38］刘明菲，汪以军．供应链环境下的物流服务能力成熟度研究［J］．商业研究，2006（21）：63－65.

［39］刘照球，李云贵，吕西林．基于BIM建筑结构设计模型集成框架应用开发［J］．同济大学学报，2010（7）：948－953.

［40］马士华，林勇，陈志祥．供应链管理［M］．北京：机械工业出版社，2000.

［41］马智亮，娄喆．IFC标准在我国建筑工程成本预算中应用的基本问题探讨［A］．中国上海第二届工程建设计算机应用创新论坛，2009.

［42］蒲勇健，魏光兴．团队职业声誉激励及其对团队构建的启示［J］.

科技进步与对策, 2007, 24 (4): 183 – 185.

[43] 戚安邦. 现代项目管理 [M]. 北京: 对外经济贸易大学出版社, 2001.

[44] 齐宝库, 王丹, 靳林超. 基于 CSCW 平台的预制建设项目协同管理框架研究 [J]. 沈阳建筑大学学报 (社会科学版), 2016 (6): 59 – 63.

[45] 秦书生. 现代企业自组织运行机制 [J]. 科学学与科学技术管理, 2001, 22 (2): 38 – 41.

[46] 邱泽奇. 技术与组织: 多学科研究格局与社会学关注 [J]. 社会学研究, 2017 (4): 167 – 192.

[47] 沈秋英, 王文平. 基于社会网络与知识传播网络互动的集群超网络模型 [J]. 东南大学学报 (自然科学版), 2009, 39 (2): 413 – 418.

[48] 石乘齐, 党兴华. 技术创新网络演化研究述评及展望 [J]. 科技进步与对策, 2013, 30 (7): 157 – 160.

[49] 孙立新. 社会网络分析法: 理论与应用 [J]. 管理学家 (学术版), 2012 (9): 66 – 73.

[50] 孙永杰. 国际工程项目与国内建筑施工企业协同机制研究 [D]. 山东大学, 2010.

[51] 王德兵. 建设项目虚拟组织系统研究 [D]. 重庆大学, 2008.

[52] 王广斌, 张雷. 上海地区 BIM 应用调查报告 [R]. 同济大学工程管理研究所, 2012.

[53] 王广斌, 张雷, 谭丹, 陈天民. 我国建筑信息模型应用及政府政策研究 [J]. 中国科技论坛, 2012 (8): 38 – 43.

[54] 王健, 刘尔烈, 骆刚. 工程项目管理中工期成本质量综合均衡优化 [J]. 系统工程学报, 2004, 19 (2): 148 – 153.

［55］王威．基于 BIM 和物联网技术的装配式构件协同管理方法研究［D］．广东工业大学，2018.

［56］王文旭．复杂网络的演化动力学及网络上的动力学过程研究［D］．中国科学技术大学，2007.

［57］王艳梅，赵希男，郭梅．基于委托—代理理论的团队运作条件模型分析［J］．管理学报，2008，5（2）：218－211.

［58］王艳梅，赵希男，郭梅．同事压力与团队激励关系的模型分析［J］．管理工程学报，2008，22（3）：138－140.

［59］吴绍艳．基于复杂系统理论的工程项目管理协同机制与方法研究［D］．天津大学，2006.

［60］五百井俊宏，李忠富．项目管理成熟度模型 PMMM 研究与应用［J］．建筑管理现代化，2004，75（2）：5－8.

［61］徐友全．虚拟建设模式的研究［D］．同济大学，2000.

［62］许天戟，宋京豫．建筑伙伴的机理与实施的研究［J］．基建优化，2002，23（1）：12－17.

［63］解学梅，左蕾蕾，刘丝雨．中小企业协同创新模式对协同创新效应的影响——协同机制和协同环境的双调节效应模型［J］．科学学与科学技术管理，2014（5）：72－81.

［64］杨湘．建设项目的协同管理研究［D］．天津大学，2004.

［65］仰飞．基于 EPC 模型的建筑工程协同项目管理系统的研究与应用［D］．湖南大学，2005.

［66］于龙飞，张家春．基于 BIM 的建设项目集成建造系统［J］．土木工程与管理学报，2015，32（4）：73－78.

［67］于子平，王文平．WS 模型中的企业社会网络合作程度仿真分析

[C]//第八届中国管理科学学术年会论文集，2006.

[68] 岳洪江，刘思峰，梁立明．我国对技术创新的关注与研究——基于 24 年的文献计量分析 [J]．科研管理，2008，29（3）：43 –52.

[69] 曾刚，林兰．知识扩散与高技术企业区位研究 [M]．北京：科学出版社，2008.

[70] 张诚，林晓．技术创新扩散中的动态竞争：基于百度和谷歌（中国）的实证研究 [J]．中国软科学，2009（12）：122 –132.

[71] 张德群，关柯．建筑业信息模型及信息不对称分析 [J]．哈尔滨建筑大学学报，2000，33（4）：93 –95.

[72] 张建平，梁雄，刘强，王修昌，王阳利．基于 BIM 的工程项目管理系统及其应用 [C]//计算机技术在工程设计中的应用——第十六届全国工程设计计算机应用学术会议论文集，2012.

[73] 张建平，张洋，张新．基于 IFC 的 BIM 及其数据集成平台研究 [C]．第十四届全国工程设计计算机应用学术会议论文集，2008.

[74] 张建新．建筑信息模型在我国工程设计行业中应用障碍研究．工程管理学报，2010，24（4）：387 –392.

[75] 张进发．供应链伙伴关系影响因素研究 [J]．物流技术，2009，28（2）：120 –122.

[76] 张静晓，王引，白礼彪．基于信息共享的建设项目协同管理模式研究 [J]．工程管理学报，2016，30（2）：91 –96.

[77] 张军，龚建立．科技人员激励因素研究 [J]．科学学与科学技术管理，2008（8）：82 –85.

[78] 张廷，高宝俊，宣慧玉．基于元胞自动机的创新扩散模型综述 [J]．系统工程，2006，24（12）：6 –15.

［79］张维迎. 从经济学角度谈激励［J］. CO. 公司，2004（3）：6.

［80］张晓菲. BIM 在项目中应用的成熟度模型的建立与评价研究［D］. 同济大学，2012.

［81］张晓娟. 供应链信息协同机制及其分析评价［D］. 华北电力大学，2011.

［82］张燕，邱泽奇. 技术与组织关系的三个视角［J］. 社会学研究，2009（2）：220－246.

［83］张洋. 基于 BIM 的工程项目集成化建设理论及关键问题研究［D］. 同济大学，2010.

［84］张洋. 基于 BIM 的建筑工程信息集成与管理研究［D］. 清华大学，2009.

［85］章海峰. 供应链企业战略合作风险因素分析［J］. 武汉冶金管理干部学院学报，2004，14（4）：18－21.

［86］赵振宇，刘伊生，乌云娜. 建设工程项目 Partnering 管理方式探究［J］. 土木工程学报，2005，38（8）：123－127.

［87］郑磊. 虚拟建设内涵研究［J］. 建筑技术，2005，36（4）：248－249.

［88］中国房地产协会商业地产专业委员会. 中国商业地产 BIM 应用研究报告 2010［R］. 2011.

［89］邹樵. 共性知识扩散的概念及其特征［J］. 科技管理研究，2010（19）：142－145.

英文部分

[1] Albert R, Barabási A – L. Statistical mechanics of complex networks [J]. Reviews of Modern Physics, 2002, 74: 47 – 97.

[2] Alchian A A, Demsetz H. Production, information costs, and economic organization [J]. The American Economic Review, 1972, 62 (5): 777 – 795.

[3] Altman I J, Sanders D R, Boessen C R. Applying transaction cost economics: A note on biomass supply chains [J]. Journal of Agribusiness, 2007, 25 (1): 107.

[4] Aranda-Mena G, et al. Building Informationg Modeling Demystified: Does It Make Business Sense to Adopt BIM [J]. International Conference on Information Technology in Construction, 2008.

[5] Associated General Contractors of America (AGC). The Contractor's Guide to BIM [M]. 1st ed. NV: Las Vegas: AGC Research Foundation, 2006.

[6] Auriol E, Friebel G, Pechlivanos L. Career concerns in teams [J]. Journal of Labor Economics, 2002, 20 (2): 289 – 307.

[7] Autodesk. Building Information Modeling White Paper [R]. Autodesk Inc., San Rafael, CA, USA, 2002.

[8] Autodesk. Parametric Building Modeling: BIM's Foundation [EB/OL]. http: //images. autodesk. com/adsk/files/Revit_BIM_Parametric_Building_Modeling_Jun05. pdf, 2008 – 06 – 22.

[9] Axelrod R. An evolutionary approach to norms. American political science review [J]. American Political Science Review, 1986, 80 (4): 1095 – 1111.

[10] Babu A J G, Suresh N. Project management with time, cost, and qual-

ity considerations ［J］. European Journal of Operational Research，1996，88 （2）：320 – 327.

［11］ Baker B N，Fisher D，Murphy D C. Project management in the public sector：success and failure patterns compared to private sector projects. Project Management Handbook ［M］. Second Edition，1983：920 – 934.

［12］ Baker D P，Day R，Salas E. Teamwork as an Essential Component of High-Reliability Organizations ［J］. Health Services Research，2006，41 （42）： 1576 – 1598.

［13］ Bamberger P A，Levi R. Team-based reward allocation structures and the helping behaviors of outcome-interdependent team members ［J］. Journal of Managerial Psychology，2009，24 （4）：300 – 327.

［14］ Beach R，Webster M，Campbell K M. An evaluation of partnership development in the construction industry ［J］. International Journal of Project Management，2005，23 （8）：611 – 621.

［15］ Bedwell W L，et al. Collaboration at work：An integrative multilevel conceptualization ［R］. Human Resource Management Review，2012.

［16］ Berends T C. Cooperative contracting on major engineering and construction projects ［J］. The Engineering Economist，2006，51 （1）：35 – 51.

［17］ Bowersox D J，Closs D J，Cooper B M. Supply Chain Logistics Management ［M］. McGraw-Hill，2007.

［18］ Bo X，Yang J. Evolutionary ultimatum game on complex networks under incomplete information ［J］. Physica A：Statistical Mechanics and Its Applications，2010，389 （5）：1115 – 1123.

［19］ British Standards Institute. B/555 roadmap （2012 update） ［S］. 2012.

［20］ Brown D. Increasing Returns and the Share Economy ［J］. Journal of Comparative Economics, 1986, 10（4）: 454 – 456.

［21］ BSI ［SOL］ http: //www. bsigroup. com/en/sectorsandservices/ Forms/BIM-reports/Confirmation-page-BIMreports/ ［Accessed May 10 2013］.

［22］ BuildingSMART. IFC Overview Summary, 2010 ［EB/OL］. http: // buildingsmart-tech. org/specifications/ifc-overview/, 2010 – 07 – 16.

［23］ Burt R S. Information and structural holes: comment on Reagans and Zuckerman ［J］. Industrial and Corporate Change, 2008, 17（5）: 953 – 969.

［24］ Buzzell R, Gale B. Integrating strategies for clusters of businesses. Strategic Synergy ［M］. 2nd Ed. Andrew Campbell and Kathleen Sommers Luchs eds. Butterworth Heinemann Ltd, Oxford, 1998: 80 – 100.

［25］ Cheng E W, Li H. Construction partnering process and associated critical success factors: quantitative investigation ［J］. Journal of Management in Engineering, 2002, 18（4）: 194 – 202.

［26］ Cheng J, Gruninger M, Sriram R D, Law K H. Process specification language for project scheduling information exchange ［J］. International Journal of It in Architecture Engineering and Construction, 2003（1）: 307 – 328.

［27］ Chen I J, Popovich K. Understanding customer relationship management （CRM）: People, process and technology ［M］. Business Process Management Journal, 2003, 9（5）: 672 – 688.

［28］ Che Y K, Yoo S W. Optimal Incentives for Teams ［J］. American Economic Review, 2001, 91（3）: 525 – 541.

［29］ Chinowsky P S, Diekmann J, O'Brien J. Project Organizations as Social Networks ［J］. Journal of ConstructionEngineering and Management, 2010, 136

（4）：452 – 458.

［30］Chinowsky P，Taylor J E，Di Marco M. Project network interdependency alignment：new approach to assessing project effectiveness ［J］. Journal of Management in Engineering，2010，27（3）：170 – 178.

［31］Cleland D I，Ireland L R. Project Managers Portable Handbook ［M］. Third Edition. McGraw-Hill Education，2010.

［32］Clevenger C M，Ozbek M，Glick S，Porter D. Integrating BIM into Construction Management Education ［R］. In Proc. ，The BIM-Related Academic Workshop，2010.

［33］Coleman J S. Social capital in the creation of human capital ［J］. American Journal of Sociology，1988：S95 – S120.

［34］Construction M H. Smart Market Report：The business value of BIM：Getting Building information modeling to the bottom line ［J］. Smart Market Report，2009：1 – 50.

［35］Cook E L，Hancher D E. Partnering：contracting for the future ［J］. Journal of Management in Engineering，1990，6（4）：431 – 446.

［36］Council，US Green Building. LEED Reference Guide For Green Building Design And Construction ［M］. US Green Building Council（USGBC），2009：645.

［37］Dewey D，Kaplan B J，Crawford S G，et al. Developmental coordination disorder：associated problems in attention，learning，and psychosocial adjustment ［J］. Human Movement Science，2002，21（5）：905 – 918.

［38］Drago D，Lazzari V，Navone M. Mutual Fund Incentive Fees：Determinants and Effects ［J］. Financial Management，2010，39（1）：365 – 392.

[39] Duffy T M, Jonassen D H. Constructivism: new implications for instructional technology [M]. Educational Technology Publication, 1992.

[40] Dulaimi M F, Ling F Y, Bajracharya A. Organizational motivation and inter-organizational interaction in construction innovation in Singapore [J]. Construction Management and Economics, 2003, 21 (3): 307 –318.

[41] Eastman C M, Jeong Y S, Sacks R, et al. Exchange model and exchange object concepts for implementation of national BIM standards [J]. Journal of Computing in Civil Engineering, 2009, 24 (1): 25 –34.

[42] Eastman C M, Sacks R. Relative productivity in the AEC industries in the United States for on-site and off-site activities [J]. Journal of construction engineering and management, 2008, 134 (7): 517 –526.

[43] Eastman C, Teicholz P, Sacks R, et al. BIM handbook: A guide to building information modeling for owners, managers, designers, engineers and contractors [M]. Wiley. Com, 2011.

[44] Eckblad S, Ashcraft H, Audsley P, et al. Integrated Project Delivery-A Working Definition [J]. AIA California Council, Sacramento, CA, 2007.

[45] Ellmann S, Eschenbaecher J. Collaborative network models: overview and functional requirements. Virtual Enterprise Integration: Technological and Organizational Perspectives [M]. IDEA Group, Inc, Imprints, 2005.

[46] Erdogan B, Anumba C J, Bouchlaghem D, et al. Collaboration environments for construction: Implementation case studies [J]. Journal of Management in Engineering, 2008, 24 (4): 234 –244.

[47] Erdös P, Rényi A. On the evolution of random graphs [M]. Publ. Math. Inst. Hung. Acad. Sci, 1960, 5: 17 –60.

［48］ Evbuomwan N F O， Anumba C J. An integrated framework for concurrent life-cycle design and construction ［J］. Advances in Engineering Software，1998，29 （7 –9）: 587 –597.

［49］ Faraj S， Sproull L. Coordinating expertise in software development teams ［J］. Management Science， 2000， 46 （12）: 1554 –1568.

［50］ Fischer M， Kunz J. The scope and role of information technology in construction ［C］//Proceedings-Japan Society of Civil Engineers. DOTOKU GAKKAI，2004: 1 –32.

［51］ Fisher J C， Pry R H. A Simple substitution model of technological change ［J］. Technological Forecasting and Social Change， 1970 （3）: 75 –88.

［52］ Fisher J C， Pry R H. A simple substitution model of technological change ［J］. Technological Forecasting and Social Change， 1972 （3）: 75 –88.

［53］ Fisher W W. Promises to keep: Technology， law， and the future of entertainment ［M］. Stanford University Press， 2004.

［54］ Gao J， Fischer M. Framework and Case Studies Comparing Implementations and Impacts of 3D/4D Modeling Across Projects ［R］. Stanford: Center for Integrated Facility Engineering， 2008.

［55］ Gibbons R. Four Formal Theories of the Firm ［J］. Journal of Economic Behavior & Organization， 2005， 58 （2）: 200 –245.

［56］ Gilligan B， Kunz J. VDC use in 2007: significant value， dramatic growth， and apparent business opportunity ［R］. Center for Integrated Facility Engineering， Report TR171， 2007.

［57］ Golparvar-Fard M， Savarese S. Automated model-based recognition of progress using daily construction photographs and IFC-based 4D models ［A］. Banff, AB, Canada, 2010: 51 –60.

［58］Granovetter M. Economic action and social structure: the problem of embeddedness ［J］. American Journal of Sociology, 1985: 481 –510.

［59］Grilo A, Jardim-Goncalves R. Challenging electronic procurement in the AEC sector: A BIM-based integrated perspective ［J］. Automation in Construction, 2011, 20 （2）: 107 –114.

［60］Guseva A, Rona-Tas A. Uncertainty, risk, and trust: Russian and American credit card markets compared ［R］. American Sociological Review, 2001: 623 –646.

［61］Halfawy M M R, Froese T M. Component-based framework for implementing integrated architectural/ engineering/construction project systems ［J］. Journal of Computing in Civil Engineering, 2007 （21）: 441 –452.

［62］Hartmann T, Fischer M. Applications of BIM and Hurdles for Widespread Adoption of BIM: 2007 AISC – ACCL eConstruction Roundtable Event Report ［R］. Stanford: Center for Integrated Facility Engineering, 2007.

［63］Hartmann T, Fischer M. Applications of BIM and Hurdles for Widespread Adoption of BIM: 2007 AISC – ACCLeConstruction Roundtable Event Report ［R］. Stanford: Stanford University, 2007.

［64］Hartmann T, Fischer M. Applications of BIM and Hurdles for Widespread Adoption of BIM ［R］. CIFE Working Paper, 2008.

［65］Hartmann T, Fischer M, Haymaker J. Implementing information systems with project teams using ethnographic-action research ［J］. Advanced Engineering Informatics, 2009, 23 （1）: 57 –67.

［66］Hartmann T, Gao J, Fischer M. Areas of application for 3D and 4D models on construction projects［J］. Journal ofConstruction Engineering and Management, 2008, 134（10）：776 – 785.

［67］Hartmann T, Levitt R E. Understanding and managing 3D/4D model implementations at the project team level［J］. Journal of Construction Engineering and Management, 2010, 136（7）：757 – 767.

［68］Harty C. Implementing innovation in construction：contexts, relative boundedness and actor-network theory［J］. Construction Management and Economics, 2008, 26（10）：1029 – 1041.

［69］Harty C. Innovation in construction：a sociology of technology approach［J］. Building Research & Information, 2005, 33（6）：512 – 522.

［70］Hassan T M, McCaffer R. Vision of the large scale engineering construction industry in Europe［J］. Automation in construction, 2002, 11（4）：421 – 437.

［71］Hauert C, Szabó G. Game theory and physics［J］. American Journal of Physics, 2005, 73：405.

［72］Holmstrom B, Milgrom P. Aggregation and linearity in the provision of intertemporal incentives［J］. Journal of the Econometric Society, 1987：303 – 328.

［73］Holweg M, Pil F K. Theoretical perspectives on the coordination of supply chains［J］. Journal of Operations Management, 2008, 26（3）：389 – 406.

［74］Homayouni H, Neff G, Dossick C S. Theoretical categories of successful collaboration and BIM implementation within the AEC industry［J］. Banff, Alberta, Canada, ASCE, 2010.

［75］Hu P J, Chau P Y, Sheng O R L, Tam K Y. Examining the technology acceptance model using physician acceptance of telemedicine technology [J]. Journal of Management Information Systems, 1999, 16 (2): 91 – 112.

[76] Irlenbusch B, Ruchala G K. Relative rewards within team-based compensation [J]. Labour Economics, 2008, 15 (2): 141 – 167.

[77] Jackson M O, Watts A. On the formation of interaction networks in social coordination games [J]. Games and Economic Behavior, 2002, 41 (2): 265 – 291.

[78] Kahn K B, McDonough E F. An Empirical Study of the Relationships among Co-location, Integration, Performance, and Satisfaction [J]. Journal of Product Innovation Management, 1997, 14 (3): 161 – 178.

[79] Kamara J M, Anumba C H. A critical appraisal of the briefing process in construction [J]. Journal of Construction Research, 2001, 2 (1): 13 – 24.

[80] Kang Y – C, et al. Analysis of information integration benefit drivers and implementation hindrances [J]. Automation in Construction, 2011 (10): 1 – 12.

[81] Kent D C, Becerik-Gerber B. Understanding Construction Industry Experience and Attitudes toward Integrated Project Delivery [J]. Journal of Construction Engineering and Management, 2010, 136 (8): 815 – 825.

[82] Khalil O, Wang S. Information technology enabled meta-management for virtual organizations [J]. International Journal of Production Economics, 2002, 75 (1): 127 – 134.

[83] Khang D B, Myint Y M. Time, cost and quality trade-off in project management: a case study [J]. International Journal of Project Management, 1999, 17 (4): 249 – 256.

［84］ Kuandykov L, Sokolov M. Impact of social neighborhood on diffusion of innovation S-curve ［J］. Decision Support Systems, 2010 （48）: 531 –535.

［85］ Kunz J, Fischer M. Virtual design and construction: themes, case studies and implementation suggestions ［R］. Center for Integrated Facility Engineering （CIFE）, Stanford University, 2009.

［86］ Kymmell W. Building Information Modeling-Planning and Managing Construction Projects with 4D CAD and Simulations ［M］. New York: McGraw-Hill Companies, Inc. , 2008.

［87］ Landsman V, Givon M. The diffusion of a new service: Combining service consideration and brand choice ［J］. Quantitative Marketing and Economics, 2010 （1）: 91 –121.

［88］ Langdon D. The Blue Book: Accessible Knowledge from the Property Construction Industry ［M］. Davis Langdon Australia, 2008.

［89］ Lee D J, Pae J H, Wong Y H. A model of close business relationships in China （guanxi） ［J］. European Journal of Marketing, 2001, 35 （1/2）: 51 – 69.

［90］ Leicht R M, Messner J I. Comparing traditional schematic design documentation to a schematic building information model ［C］//Bringing ITCKnowledge to Work: 2Proceedings of the 24th W78 Conference, Mariborsn, 2007.

［91］ Leite F, Akcamete A, Akinci B, et al. Analysis of modeling effort and impact of different levels of detail in building information models ［J］. Automation in Construction, 2011, 20 （5）: 601 –609.

［92］ Levitt R. Understanding and managing systemic innovation in project-based industries ［J］. Innovations: Project Management Research, 2004: 83 –

99.

[93] Liao C W, Chiang T L. The examination of workers' compensation for occupational fatalities in the construction industry [J]. Safety Science, 2015, 72 (8): 363 –370.

[94] Li H, Guo H L, Huang T, Chan N, Chan G. Research on the Application Architecture of BIM in Building Projects [J]. Journal of Engineering Management, 2010 (5): 14.

[95] Lindzey G, Gilbert D, Fiske S T. The handbook of social psychology [M]. Oxford University Press, 2003.

[96] Lin N. Building a network theory of social capital [J]. Connections, 1999, 22 (1): 28 –51.

[97] Liu J, Ram S. Who does what: Collaboration patterns in the wikipedia and their impact on data quality [R]. In 19th Workshop on Information Technologies and Systems, 2009: 175 – 180.

[98] Loch C H, Huberman B A. A punctuated-equilibrium model of technology diffusion [J]. Management Science, 1999, 45 (2): 160 – 177.

[99] Love P E, Skitmore M, Earl G. Selecting a suitable procurement method for a building project [J]. Construction Management & Economics, 1998, 16 (2): 221 – 233.

[100] Malone T W, Crowston K. The interdisciplinary study of coordination [J]. ACM Computing Surveys (CSUR), 1994, 26 (1): 87 – 119.

[101] Mattessich P W, Monsey B R. Collaboration: what makes it work? A review of research literature on factors influencing successful collaboration [M]. Amherst H. Wilder Foundation, 919 Lafond, St. Paul, MN 55104, 1992.

［102］ McCuen T L, Suermann P C, Krogulecki M J. Evaluating Award Winning BIM Projects Using the National Building Information Model Standard Capability Maturity Model ［J］. Journal of Management in Engineering, 2011, 3.

［103］ McIvor R, McHugh M. Partnership sourcing: an organization change management perspective ［J］. Journal of Supply Chain Management, 2000, 36 (3): 12 –20.

［104］ Meyer B D. The Effects of Firm Specific Taxes and Government Mandates with an Application to the U. S. Unemployment Insurance Program ［J］. Journal of Public Economics, 1997, 65 (2): 119 –145.

［105］ Meyer P E, Winebrake J J. Modeling technology diffusion of complementary goods: the case of hydrogen vehicles and refueling infrastructure ［J］. Technovation, 2009 (2): 77 –91.

［106］ Miles R S. Twenty-first century partnering and the role of ADR ［J］. Journal of Management in Engineering, 1996, 12 (3): 45 –55.

［107］ Milgrom P, Roberts J. Predation, reputation, and entry deterrence ［J］. Journal of Economic Theory, 1982, 27 (2): 280 –312.

［108］ Miller J B, Garvin M J, Ibbs C W, Mahoney S E. Toward a new paradigm: simultaneous use of multiple project delivery methods ［J］. Journal of Management in Engineering, 2000, 16 (3): 58 –67.

［109］ Mitchell G F, Moyé L A, Braunwald E, et al. Sphygmomanometrically determined pulse pressure is a powerful independent predictor of recurrent events after myocardial infarction in patients with impaired left ventricular function ［J］. Circulation, 1997, 96 (12): 4254 –4260.

［110］ National Building Information Modeling Standard (NBIMS), Overview, Principles and Methodologies, Version 1. 0—Part1 [EB/OL]. http: // www. wbdg. org/pdfs/NBIMSv1_p1. pdf8, 2007 - 09 - 16.

[111] Newman M E J. The structure and function of complex networks [J]. SIAM Review, 2003, 45: 167 - 256.

[112] Newman M E J, Watts D J. Renormalization group analysis of the small-world network model [J]. Phys. Lett. A, 1999, 263: 341 - 346.

[113] Nonaka I, Takeuchi H. The knowledge-creating company: How Japanese companies foster creativity and innovation for competitive advantage [M]. London UA, 1995.

[114] Nour M. A dynamic open access construction product data platform [J]. Automation in Construction, 2010 (19): 407 - 418.

[115] Nowak M A, May R M. Evolutionary games and spatial chaos [J]. Nature, 1992, 359 (6398): 826 - 829.

[116] Nowak M A, Sigmund K. Evolutionary dynamics of biological games [J]. Science, 2004, 303 (5659): 793 - 799.

[117] Oliver C. The influence of institutional and task environment relationships on organizational performance: the Canadian construction industry [J]. Journal of Management Studies, 1997, 34 (1): 99 - 124.

[118] Pacheco J M, Traulsen A, Nowak M A. Coevolution of strategy and structure in complex networks with dynamical linking [J]. Physical Review Letters, 2006, 97 (25): 258103.

[119] Patel H, Pettitt M, Wilson J R. Factors of collaborative working: A framework for a collaboration model [J]. Applied Ergonomics, 2012, 43 (1): 1 - 26.

［120］ Peña-Mora F, Tamaki T. Effect of delivery systems on collaborative ne-gotiations for large-scale infrastructure projects ［J］. Journal of Management in Engi-neering, 2001, 17 (2): 105 – 121.

［121］ Pena-Mora F, Dwivedi G H. Multiple device collaborative and real time analysis system for project management in civil engineering ［J］. Journal of Computing in Civil Engineering, 2002, 16 (1): 23 – 38.

［122］ Porter M E, Millar V E. How information gives you competitive advan-tage ［M］. Boston, Harvard Business Review, Reprint Service, 1985.

［123］ Pryke S D. Analysing construction project coalitions: exploring the ap-plication of social network analysis ［J］. Construction Management and Economics, 2004, 22 (8): 787 – 797.

［124］ Pryke S, Pearson S. Project governance: case studies on financial in-centives ［J］. Building Research & Information, 2006, 34 (6): 534 – 545.

［125］ Ring P S, Van de Ven A H. Developmental processes of cooperative interorganizational relationships ［J］. Academy of Management Review, 1994, 19 (1): 90 – 118.

［126］ Rivard H. A survey on the impact of information technology on the Ca-nadian architecture, engineering and construction industry ［J］. Electronic Journal of Information Technology in Construction, 2000 (5): 37 – 56.

［127］ Robins J A. Organizational economics: notes on the use of transaction-cost theory in the study of organizations ［J］. Administrative Science Quarterly, 1987: 68 – 86.

［128］ Rogerson R. Indivisible Labor, Lotteries and Equilibrium ［J］. Journal of Monetary Economics, 1988, 21 (1): 3 – 16.

[129] Sahin F, Robinson E P. Flow coordination and information sharing in supply chains: review, implications, and directions for future research [J]. Decision Sciences, 2002, 33 (4): 505 – 536.

[130] Scott J, Carrington P J. The SAGE handbook of social network analysis [M]. SAGE Publications, 2011.

[131] Sebastian R, et al. BIM Application for Integrated Design and Engineering in Small-Scale Housing Development: A Pilot Project in the Netherlands [J]. International Symposium, 2010: 4 – 11.

[132] Senescu R R, Aranda-Mena G, Haymaker J R. Relationships between project complexity and communication [J]. Journal of Management in Engineering, 2012, 29 (2): 183 – 197.

[133] Simatupang T M, Wright A C, Sridharan R. The knowledge of coordination for supply chain integration [J]. Business Process Management Journal, 2002, 8 (3): 289 – 308.

[134] Singh P. The public acquisition of commonsense knowledge [C]// AAAI Spring Symposium: Acquiring (and Using) Linguistic (and World) Knowledge for Information Access. Palo Alto, CA: AAAI, 2002.

[135] Smoot B. Building acquisition and ownership costs [R]. CIB Workshop, 2007.

[136] Son J W, Rojas E M. Evolution of collaboration in temporary project teams: an agent-based modeling and simulation approach [J]. Journal of Construction Engineering and Management, 2011, 137 (8): 619 – 628.

[137] Spence M, Zeckhauser R. The Effect of the Timing of Consumption Decisions and the Resolution of Lotteries on the Choice of Lotteries [J]. Journal of

the Econometric Society，1972：401 – 403.

［138］Strough J，Swenson L M，Cheng S. Friendship，gender，and preadolescents' representations of peer collaboration ［J］. Merrill-Palmer Quarterly，2001，47（4）：475 – 499.

［139］Succar B. Building information modelling framework：A research and delivery foundation for industry stakeholders ［J］. Automation in Construction，2009，18（3）：357 – 375.

［140］Succar B，Kassem M. Macro-BIM adoption：Conceptual structures ［J］. Automation in Construction，2015，57：64 – 79.

［141］Sullivan C C. Integrated BIM and design review for safer，better buildings ［R］. Architectural Record，2007.

［142］Taylor J E. Antecedents of successful three-dimensional computer-aided design implementation in design and construction networks ［J］. Journal of Construction Engineering and Management，2007，133（12）：993 – 1002.

［143］Taylor J E，Bernstein P G. Paradigm trajectories of building information modeling practice in project networks ［J］. Journal of Management in Engineering，2009，25（2）：69 – 76.

［144］Taylor J E，Levitt R. Innovation alignment and project network dynamics：An integrative model for change ［J］. Project Management Journal，2007，38（3）：22 – 35.

［145］Taylor J E，Levitt R. Innovation alignment and project network dynamics：An integrative model for change ［J］. Project Management Journal，2007，38（3）：22 – 35.

［146］Taylor J E，Levitt，R，Villarroel J A. Simulating learning dynamics in project networks [J]. Journal of Construction Engineering and Management, 2009, 135 (10): 1009 – 1015.

[147] Teicholz P. Labor productivity declines in the construction industry: causes and remedies [J]. AECbytes Viewpoint, 2004, 4 (14): 2004.

[148] Teo M M M, Loosemore M. A theory of waste behaviour in the construction industry [J]. Construction Management & Economics, 2001, 19 (7): 741 – 751.

[149] Thomson D B, Miner R G. Building Information Modeling-BIM: Contractual Risks are changing with Technology [EB/OL]. http://www. aepronet. com, 2010.

[150] Tomassini M, Luthi L, Giacobini M. Hawks and doves on small-world networks [J]. Physical Review E, 2006, 73 (1): 016132.

[151] Totterdill B W. FIDIC Users's Guide: a Practical guide to the 1999 Red Book [M]. Thomas Telford, 2001.

[152] Turner J R, Müller R. Communication and co-operation on projects between the project owner as principal and the project manager as agent [J]. European Management Journal, 2004, 22 (3): 327 – 336.

[153] Uzzi B, Gillespie J J. Knowledge spillover in corporate financing networks: Embeddedness and the firm's debt performance [J]. Strategic Management Journal, 2002, 23 (7): 595 – 618.

[154] Van de Ven A H, Delbecq A L, Koenig R Jr. Determinants of coordination modes within organizations [J]. American Sociological Review, 1976: 322 – 338.

[155] Van Leeuwen J P, Fridqvist S. An information model for collaboration

in the construction industry [J]. Computers in Industry, 2006, 57 (8): 809 – 816.

[156] Venugopal M, Eastman C M, Sacks R, et al. Semantics of model views for information exchanges using the industry foundation class schema [J]. Advanced Engineering Informatics, 2012, 26 (2): 411 – 428.

[157] Vukov J, Szabó G, Szolnoki A. Evolutionary prisoner's dilemma game on Newman-Watts networks [J]. Physical Review E, 2008, 77 (2): 026109.

[158] Wang L, Wang X, Tong X, et al. View-dependent displacement mapping [J]. ACM Transactions on Graphics (TOG). ACM, 2003, 22 (3): 334 – 339.

[159] Wang P. Chasing the hottest IT: effects of information technology fashion on organizations [J]. MIS quarterly, 2010, 34 (1): 63 – 85.

[160] Watson A. Digital buildings-Challenges and opportunities [J]. Advanced Engineering Informatics, 2011, 25: 573 – 581.

[161] Watts D J, Strogatz S H. Collective dynamics of "small-world" networks [J]. Nature, 1998, 393 (6684): 440 – 442.

[162] Weiseth P E, Munkvold B E, Tvedte B, Larsen S. The wheel of collaboration tools: a typology for analysis within a holistic framework [R]. In Proceedings of the 2006 20th anniversary conference on Computer supported cooperative work, 2006: 239 – 248. ACM.

[163] Wilson M W. Uniform Approximation of Nonnegative Continuous Linear Functions [J]. Journal of Approximation Theory, 1969, 2 (3): 241 – 248.

[164] Wong P S P, Cheung S O. Structural equation model of trust and partnering success [J]. Journal of Management in Engineering, 2005, 21 (2): 70 –

80.

[165] Wu D J. Software Agent for Knowledge Management: Coordination in Multi. Agent Supply Chains and Auctions [J]. Expert System with Appfications, 2001, 20 (1): 331 – 338.

[166] Wu W-W, Lee Y-T. Developing Global Managers' Competencies Using the Fuzzy DEMATEL Method [J]. Expert Systems with Applications, 2007, 32 (2): 499 – 507.

[167] Wu Z X, Wang Y H. Cooperation enhanced by the difference between interaction and learning neighborhoods for evolutionary spatial prisoner's dilemma games [J]. Physical Review E. , 2007, 75 (4): 041114.

[168] W. X. Wang, J. Ren. , G. Chen. et al. Memory-based snowdrift game on networks [J]. Physical Review E, 2006 (74): 056113.

[169] W Young N W Jr, Jones S A. , Bernstein H M. , et al. The Buisiness value of BIM: getting building information modeling to the bottom line [M]. New York: McGraw-Hill Construction, 2009.

[170] Yang H X, Wang W X, Wu Z X, et al. Diversityoptimized cooperation on complex networks [J]. Physical Review E, 2009, 79 (5): 056107.

[171] Young N W, Jones S A, Bemstein H M. Building Information Modeling: Transforming Design and Construction to Achieve Greater Industry Productivity [R]. New York: McGraw-Hill Construction, 2008.

[172] Zimmermann M G, Eguíluz V M. Cooperation, social networks, and the emergence of leadership in a prisoner's dilemma with adaptive local interactions [J]. Physical Review E, 2005, 72 (5): 056118.